河南常见中药材栽培

高致明　张红瑞　主编

黄河水利出版社
·郑州·

图书在版编目（CIP）数据

河南常见中药材栽培 / 高致明，张红瑞主编. —郑州：黄河水利出版社，2017.6
ISBN 978－7－5509－1687－6

Ⅰ.①河… Ⅱ.①高… ②张… Ⅲ.①药用植物－栽培技术－河南 Ⅳ.①S567

中国版本图书馆CIP数据核字（2017）第023033号

出 版 社：黄河水利出版社　　网址：www.yrcp.com
地址：河南省郑州市顺河路黄委会综合楼14层　　邮编：450003
发行单位：黄河水利出版社
发行部电话：0371－66026940、66020550、66028024、66022620（传真）
E-mail：hhslcbs@126.com
承印单位：郑州市诚丰印刷有限公司（13633801609）
开本：787 mm×1 092 mm　1／16
印张：11.25
字数：190 千字　　印数：1—1 000
版次：2017 年 6 月第 1 版　　印次：2017 年 6 月第 1 次印刷

定价：20.00 元

《河南常见中药材栽培》
编 委 会

主　　编　高致明　张红瑞

副 主 编　丁　宁　李　炯　于红卫

编写人员　张义珠　杨　静　李　兵

　　　　　赵满红

前言 QIANYAN

中药材是中医药产业的源头，其质量与中药饮片、中药制剂和中成药的质量状况密切相关，与中医药的防病治病效果紧密相连。生产出好的药材，是中医药产业健康发展的需要，也是国家和人民群众普遍的要求。《国务院办公厅关于转发工业和信息化部等部门中药材保护和发展规划（2015～2020年）的通知》中明确提出要建设濒危稀缺中药材种植养殖基地，降低对野生资源的依赖程度；突出区域特色，打造品牌中药材。《中华人民共和国中医药法》中提出要鼓励发展中药材人工种植养殖。

河南是中医药文化的发祥地和传统的中药材生产大省。全省拥有中药材2 733种，其中植物类2 299种、动物类365种、矿物类69种，中药材品种数量、种植面积和道地药材数量居全国前三位，四大怀药、连翘（主要为野生抚育）、山茱萸、辛夷、杜仲、金银花、丹参、夏枯草、艾等道地药材种植面积、产量及质量均居全国领先地位，形成了四大怀药、裕丹参、卫红花等一大批知名的道地药材品牌，传承并创新了地黄、辛夷、山楂等道地和大宗中药材的特色加工技术。结合上述产业背景，根据国家产业政策和我省启动精准扶贫的要求，为适应市场需求和突出地方特色优势，追求安全、有效、优质的中药材生产原则，特编写《河南常见中药材栽培》。

本书分两篇，上篇简要介绍了中药材种植与环境条件、肥料的关系，中药材的繁殖、田间管理、病虫害防治及采收加工，使读者对中药材种植所需条件有一个初步的了解。下篇为中药材栽培技术，选河南常见中药材54种，介绍了每种药材的来源、产地、生物学特性、栽培技术、采收加工。本书有望为河南常见中药材的栽培提供参考。

本书理论联系实际，技术实用，适合广大药农、中药材种植技术人员阅读应用，也可作为精准扶贫培训教材或者药用植物栽培课程师生的教学参考书。

限于我们的水平，书中难免存在错误和不妥之处，敬请广大读者批评指正。

编 者

2017年2月

目录 MULU

上篇

下篇

第一章 中药材种植与环境条件的关系

中药材在长期的生存竞争中与生态环境建立了密切的联系，环境因子决定着中药材的品质和产量。

一、光照与中药材

光是绿色植物进行光合作用不可缺少的能量来源，只有在光照的条件下，植物才能生长、开花、结果。药用植物在系统发育过程中，形成了对不同光照强度的适应性。根据药用植物对光照强度的要求不同，将其分为三类：

（1）喜光植物（阳性植物）。要求阳光充足的环境，若缺乏光照，则植物细弱，生长不良，产量很低。如地黄、黄芪、红花、决明、北沙参、芍药等中药材是喜光植物。

（2）喜阴植物（阴性植物）。喜欢有遮阴的环境，不能忍受强烈的日光照射。如人参、西洋参、黄连、细辛等。栽培这类中药材需要人工搭棚遮阴或种在林下荫蔽处。

（3）耐阴植物。它是前两种植物的中间类型，在光照良好或稍有荫蔽的条件下都可生长，不至于受到特别损伤，如天门冬、款冬、麦冬等。

药用植物在不同的生长发育阶段对光照强度的要求也不相同。如北五味子、党参、厚朴等在幼苗期或移栽初期怕强光照射，而在旺盛生长时期需要强光照射。

药用植物长期生长在不同的日照条件下，它们对光照时间的要求各有不同。只有满足了这些光照条件，它们才能正常生长发育。根据药用植物对光照时间长短的要求，可以把植物分为以下三大类：

（1）长日照植物。长于一定时间内日照长度才能开花，而在较短的日照下不开花或延迟开花，如草乌、徐长卿、小茴香、棉团铁线莲等。

（2）短日照植物。短于一定时间日照长度才能促进开花，而在较长的日照下不开花，如紫苏、白头翁、菊花、地黄等。

（3）中日照植物。对光照长短没有严格的要求，如大丽花、掌叶半夏、红花等。

二、温度与中药材

温度在药用植物的生长中直接或间接地影响植物的生长发育、繁殖和分布。不同产地的植物对气温的要求不同，热带植物喜高温，当气温降到 0℃或 0 ℃以下时，就要遭受冻害，甚至死亡；亚热带植物喜温暖，能耐轻微的霜冻；而温带植物喜温和至冷凉气候，一般能耐霜冻和寒冷。如玄参、川芎、红花、地黄等喜温和气候；而人参、黄连、大黄、当归等则要求冷凉气候。

一般药用植物光合作用的温度以 20～30 ℃为最适，超过或低于这个温度，光合强度随之下降。但不同的植物或同一植物的不同发育时期对温度的要求是不同的。一般原产北方的植物最适生长温度相对较低，同种植物在苗期生长需要的温度相对较低。当环境中的温度过高或过低对药用植物的生长发育都是不利的。

三、水分与中药材

水是一切生命活动进行的生理要素，水是植物细胞的重要组成部分，嫩茎、幼根等部分的含水量可达 90% 以上。水是植物合成有机物的重要原料，土壤中矿物质和肥料只有溶解在水中才能被植物吸收。在一定的情况下，水分决定药用植物的产量和品质。

根据生长环境中水分状况把植物分为以下几类：

（1）旱生植物（如仙人掌、甘草、麻黄等），这类药用植物具有发达的根系，具有显著的耐旱能力，适应在地势干燥少雨的地区栽培。

（2）水生植物（如睡莲、莲等），根系极不发达，通气组织特别发达，一般不能离开水生环境。

（3）湿生植物（如泽泻、慈姑、菖蒲等），根系浅，生长在沼泽、河滩、低洼地、山谷林下等环境。

（4）中生植物（如地黄、浙贝母、延胡索等），根系、输导系统比湿生植物发达，但不如旱生植物，大多数药用植物都属于这一类。

四、空气和风与中药材

空气中含有多种化学成分，其中N_2、O_2、CO_2对植物的生长极为重要，中药材的生物量中的 90%～95% 的来自于空气中的CO_2，只有 5%～10% 来自于土壤中的矿质元素。

空气流动产生了风，风对药用植物生长发育的影响是多方面的。风带来了光合作用的原料——CO_2，还能促使O_2、CO_2和水气的均匀分布，并加速其循环。风有利于药用植物的传粉和种子的传播，吹散了植物周围的有害气体，对防止病虫害蔓延有利。但风太大能损伤或折断植物的枝叶，造成落花、落果，使植物倒伏。风的间接害处是改变空气的温度和湿度，能使土壤干燥，地温降低，将细土吹走等，这些都对药用植物生长不利。

五、土壤与中药材

土壤是中药材栽培的基础，选用适宜的土壤，进行合理耕作，不断提高土壤肥力，才能使中药材获得优质和高产。

药用植物产量和质量的高低，是土壤有效肥力高低的重要标志。影响中药材生长发育的土壤因素很多，主要的有土壤质地、有机物、营养元素、水分及酸碱度等。

各种土壤大小颗粒的百分比称作土壤质地，一般可分为三大类。

（1）沙土。土壤通气、透水良好，但保水保肥能力差，土壤温度变化剧烈。此类土壤适宜种植耐旱性药用植物，如甘草、麻黄、北沙参等。

（2）黏土。土壤结构致密，保水保肥能力强，通气、透水性差，但供给养分慢，土壤耕作阻力大，根系不易穿插，对多种药用植物生长均不适宜。只能栽种水生药用植物，如泽泻、菖蒲等。

（3）壤土。土壤各种颗粒的粗细比例适度，兼有沙土、黏土的优点，通气、保水性能较好，是多数药用植物栽培最理想的土壤，特别是以根、根茎、鳞茎作药的植物最为合适。

土壤有机物主要来源于动植物残体和人畜粪便等。我国大多数土壤有机质含量在 1%～2%，森林腐殖土可达 5%～10%。

土壤有机质对土壤的改良作用使水、肥、气、热得以充分协调，提高了土壤肥力，创造了植物生长的良好条件，因此富含有机质的疏松肥沃土壤适合绝大多数药用植物生长发育。药用植物所需要的营养元素除碳、氢、氧来自大气和水外，其他元素几乎都来自土壤。

土壤酸碱度是土壤的重要性质之一，通常用 pH 表示。pH 值 6.5～7.5 为中性，适宜大多数植物生长；pH 值小于 6.5 为酸性，适宜酸性土壤种植的有肉桂、人参、西洋参、黄连等；pH 值大于 7.5 为碱性，适于碱性土种植的有甘草、枸杞等。

第二章
中药材种植与肥料

一、 营养元素

中药材生长发育所需的营养元素可以分为大量元素（如碳、氢、氧、氮、磷、钾、钙、镁、铁、硫等）和微量元素（如硼、钼、锌、铜、锰等）。在大量元素中，氮、磷、钾需要量较大，它们被称为肥料三要素，往往需要通过施肥来补充。微量元素因为植物需要量很少，一般土壤都能满足需要，只有少数土壤需要补施。

（一）氮

氮是构成蛋白质的主要成分，也是与植物新陈代谢有关的酶、维生素、叶绿素及核酸等不可缺少的成分。氮对植物体内生物碱、苷类和维生素等的形成与积累起着重要作用。氮素缺乏将影响药材的品质和产量，但过多时使碳、氮比例失调，容易造成茎叶徒长，发生倒伏，降低其抗病虫害的能力。

（二）磷

磷是核酸、激素和磷脂的主要组成成分。磷能促进植物的生长发育，缩短生育期，提早开花结果，提高果实和种子的产量和品质，增强植物的抗寒、抗旱和抗病虫害能力。缺磷时，植物生长发育迟缓，产量低，质量差。对于五味子、沙苑子、决明等果实、种子类药用植物，增施磷肥可提高种子的产量和品质。

（三）钾

钾能提高光合作用的强度，促进碳水化合物的合成、运转和贮藏；钾还能增强气孔的正常生理功能，促进氮的吸收，强化蛋白酶的活性，加速蛋白质的合成；对于含淀粉、糖、蛋白质较多的中药材，增施钾肥能提高产量和改善品质；钾还能促进维管束的发育，使厚角组织增厚，韧皮束变粗，使茎干坚韧，抗倒伏，抗病虫害。

（四）硼

硼能促进植物体内碳水化合物的运转，改善糖类代谢，促进有机质的积累。同时，硼还能增强根瘤菌的固氮能力，促进根系发育。缺硼时，根系发育不良，根瘤菌固氮能力降低，花的受精率降低。

（五）钼

钼与生物固氮作用有密切关系，根瘤菌和自生固氮过程中均需微量的钼。钼又是硝酸还原酶的成分，能促进植物体内硝态氮还原为铵态氮。

（六）锌

锌能促进呼吸作用和生长素的形成。缺锌时，由于抑制去氢酶的活性，影响碳酸酐酶的组成和生长素的形成，使呼吸作用减弱，生长受到抑制。

（七）铜

铜是植物体内氧化酶的组成成分，能提高呼吸强度，有利于光合作用，并能增强抗病害的能力。缺铜时叶绿素减少，发生缺绿病。

（八）锰

锰能促进种子萌发、幼苗生长及生殖器官发育，能促进叶绿素的形成，以利光合作用；同时，锰还可以提高植物越冬性及抗倒伏能力。缺锰时叶脉失绿，并出现斑点。

（九）铁

铁是形成叶绿素的必需元素，缺铁时嫩叶表面呈现失绿症状。

二、肥料种类和性质

肥料大体分为两类：一是有机肥料（包括农家肥），二是化学肥料（无机肥料）。有机肥料一般都含有氮、磷、钾三要素以及其他元素和各种微量元素，所以叫完全肥料。它含有丰富的有机质，需经过土壤微生物慢慢地分解，才能为植物利用，所以又叫迟效性肥料。化学肥料施下后，可以很快为植物吸收，所以又叫速效性肥料。

（一）有机肥料

有机肥料包括人粪尿、厩肥、堆肥、饼肥、绿肥以及各种土杂肥等。这些肥料来源丰富，是我国农业生产的主要肥源。

（二）无机肥料

无机肥料大部分是工业产品，主要成分能溶于水或是容易变成植物能吸收的成分。按所含的主要养分可分为氮肥、磷肥、钾肥和复合肥等几种。

为了提高无机肥料的利用率，近年来采用有机肥料与无机肥料混合做成颗粒状肥料施用，这种肥料称颗粒肥料。

（三）微量元素肥料

微量元素肥料主要有硼、锰、锌、铜、钼等。此类肥料多用作种肥和根外追肥，在不妨碍肥效和药效的原则下，可结合病虫害防治，将肥料与农药混合喷施。

（四）腐殖酸肥料

腐殖酸是动、植物残体在微生物作用下生成的高分子有机化合物，广泛存在于土壤、泥煤和褐煤中。它是有机肥与无机肥相结合的新型肥料，目前主要有腐殖酸铵、腐殖酸磷、腐殖酸钾、腐殖酸钠、腐殖酸钙和腐殖酸氮磷等。

（五）微生物肥料

利用能改善植物营养状况的微生物制成的肥料，称为微生物肥料。此类肥料具有用量小、成本低、无副作用、效果好的优点。常用的种类有：

（1）根瘤菌剂。根瘤菌剂是由根瘤细菌制成的生物制剂。

（2）固氮菌剂。固氮菌剂是培养好气性的自生固氮菌的生物制剂。

（3）5406抗生菌肥。5406抗生菌肥是把细黄放线菌混合在堆肥中制成的。

三、合理施肥

合理施肥能促进药用植物的生长发育，提高药材的产量、质量。施肥不当，不仅达不到预期的施肥目的，相反会危害药用植物的正常生长和发育，甚至造成植物死亡。

（一）施肥的原则

施肥应根据植物不同发育期对肥料种类、数量的要求，根据土壤中养分的供应状况，以及肥料的性质等进行。同时，要把施肥和改土结合起来，不断提高土壤肥力，为稳产、优质创造条件。

（1）以农家肥为主，化肥为辅。在施用农家肥的基础上使用化肥，能够取两者之长、补两者之短，缓急相济，不断提高土壤供肥的能力。

（2）以基肥为主，配合施用追肥和种肥。基肥能长期为药用植物提供主要养分，改善土壤结构，提高土壤肥力。为了满足植物幼苗期或某一时期对养分的大量需要，还应施用种肥和追肥。种肥要用腐熟的优质农家肥和中性、微酸性或微碱性的速效化肥。追肥也多用速效肥料。

（3）以氮肥为主，磷、钾肥配合施用。植物对氮的吸收量一般较多，而土壤中，氮素含量往往不足。因此，在植物整个生育期中都要注意施用氮肥，尤其是在植物生育前期增加氮肥更为重要。在施用氮肥的同时，应视药用植物种类和生育期，配合施入磷、钾肥。如为了促进根系发育以及禾本科植物分蘖，用少量速效磷肥拌种，为了提高种子产量，对留种田开花前应追施磷肥。在密植田配合施用钾肥，能促使茎秆粗壮，防止倒伏。

（4）根据土壤肥力特点施肥。在肥力高、有机质含量多、熟化程度好的土壤，如高产田、村庄附近的肥沃地上，增施氮肥作用较大，磷肥效果小，钾肥往往显不出效果。在肥力低、有机肥料用量少、熟化程度差的土壤，如一般低产田、红黄壤、低洼盐碱地，施用磷肥效果显著，在施磷肥的基础上，施用氮肥，才能发挥氮肥效果。在中等肥力的土壤上，应氮、磷、钾肥配合施用。

在保肥力强而供肥迟的黏质土壤上，应多施有机肥料，结合加沙子，施炉灰渣类，以疏松土壤，创造透水通气条件，并将速效性肥料作种肥和早期追肥，以利提苗发棵。在保肥力弱的沙质地上，也应多施有机肥料，并配合施用塘泥或黏土，增强其保水保肥能力。追肥应少量多次施用，避免一次施用过多而淋失。

在酸性土壤上，宜施碱性肥料，如草木灰、钙镁磷肥、石灰氮或石灰等以中和土壤酸度。在碱性土壤上则要施酸性肥料，如硫酸铵等。盐渍土地不宜施用含氮较多的化肥，如氯化铵等。对磷矿粉、骨粉等难溶性肥料，在酸性土壤上施用，可以逐渐转化溶解，提高肥效；而在碱性土壤上施用，则效果不大。

（5）根据药用植物的营养特性施肥。药用植物的种类、品种不同，在其生长发育不同阶段所需养分的种类、数量以及对养分吸收的强度都不相同。因此，必须了解药用植物的营养特性，因地制宜地进行施肥。一般对于多年生的，特别是根类和地下茎类药用植物，如芍药、大黄、党参、牛膝、牡丹等，最好施用肥效期长的，有利于地下部生长的肥料，如重施农家肥，增施磷、钾肥，以满足一个生产周期对肥料的需要。一般全草类中药材可适当增施氮肥；花、果实、种子类的中药材则应多施磷肥。

中药材不同的生育阶段施肥也应有所不同。一般是生育前期，多施氮肥，能促使茎叶生长，并能增穗增粒；生育后期，多用磷、钾肥，以促进果实早熟、种子饱满。薏苡，在分蘖初期追施氮肥，能促进分蘖早发快发，穗多；在拔节至孕穗期追施氮肥，可促使穗大、粒多、秆硬；在开花前后施用磷肥，能促进籽粒饱满，提早成熟。

（6）根据气候条件施肥。在低肥、干燥的季节和地区，最好施用腐熟的有机肥料，以提高地温和保墒能力，而且肥料要早施、深施，以充分发挥肥效。化学氮肥、磷肥和腐熟的农家肥一起作基肥、种肥和追肥施用，有利于幼苗早发，生长健壮。而在高温、多雨季节和地区，肥料分解快，植物吸收能力强，则应多施迟效肥料，追肥应量少次多，以减少养分流失。

（二）施肥的主要方法

（1）撒施。一般是在翻耕前将肥料均匀撒施于地面，然后翻入土中。这是基肥的通常施用方法。

（2）条施和穴施。在药用植物播种或移栽前结合整地做畦，或在生育期中结合中耕除草，采取开沟或开穴施入肥料，分别称为条施或穴施。这两种方法施肥集中，用肥经济，但对肥料要求较高，需充分腐熟，捣碎施用。

（3）根外追肥。在植物生长期间，以无机肥料、微量元素或生长激素等稀薄溶液，结合人工降雨或用喷雾器喷洒在植物的茎叶上的施肥方法，称为根外追肥。此法所需肥料很少，施用及时，效果很好。常用的根外追肥溶液有尿素、过磷酸钙、硫酸钾、硼酸、钼酸铵等。喷施时间以清晨或傍晚为宜，使用浓度要适当，如硼酸用 0.1%～0.15%、钼酸铵用 0.02% 的浓度比较适宜。

（4）拌种、浸种、浸根、蘸根。在播种或移栽时，用少量的无机肥料或有机、无机混合肥料拌种，或配成溶液浸种、浸根、蘸根，以供植物初期生长的需要。由于肥料与种子或根部直接接触或十分接近，所以在选择肥料和决定用法时，必须预防肥料对种子可能产生的腐蚀、灼烧和毒害作用。常用作种肥的有微生物肥、微量元素肥、腐殖酸类肥以及骨粉、钙镁磷肥、硫酸铵、人尿、草木灰等。

（5）混合施肥，正确配合。一般化肥和有机肥混合施用，效果更好。但不是所有肥料都可以随便混合使用，应注意肥料的化学性质，酸性和碱性的肥料不能混合施用，如人粪尿或硫酸铵等酸性肥料，不能和草木灰等碱性肥料混合施用，氨水不能和硫酸铵、氯化铵等生理酸性肥料混合施用，以免氮素变成氨挥发掉。

第三章
中药材的繁殖

中药材的繁殖方法通常可分为两大类：一类是利用种子繁殖；一类是利用植物的根、茎、叶等营养器官进行的营养繁殖。

一、种子繁殖

中药材用种子繁殖的最为普遍，因为种子利于运输、贮藏。种子繁殖技术简便规范，繁殖系数大，利于中药材引种驯化和新品种培育。但是，种子繁殖的后代容易产生变异，开花结实较迟，尤其是木本中药材用种子繁殖所需年限很长。

（一）种子的休眠

种子的休眠是植物在其长期演化过程中对不良环境条件的一种适应性。大多数植物种子具有这一特性。植物种子休眠原因大致可分为三种类型：

（1）种皮障碍。种皮阻碍了水分的透过，降低了气体交换的速度，阻止了种子的吸胀而引起休眠。杜仲种子果皮外含有橡胶，去掉果皮后可显著提高发芽率，泽泻果皮有果胶和半纤维素，破伤果皮后 2～3 h 种子吸水增重180%。

（2）种胚休眠。这类种子除去种皮，在适宜温湿度条件下也不萌发，又可分为两种类型：

①胚后熟休眠类型。种子收获时，胚尚未形成或处于原胚阶段，尚未分化，需收获后继续发育，种子才能萌发。如人参、西洋参。

②生理后熟类型。种胚在种子收获时已发育完好，但要求一定条件完成其生理后熟，才能萌发，又分三种情况：一是要求经历干藏期，如黄秋葵、野茄（红颠茄）、云南蓍等；二是要求低温才能通过生理后熟，如猕猴桃、龙胆、金银花、紫草等；三是要求光照或变温，如朱砂根、土牛膝等。

（3）综合休眠。即兼有种皮和种胚休眠的种子，打破这类种子的休眠，既要克服种皮障碍又要克服胚休眠的障碍，如山茱萸种子经干湿处理10次以后，再在 15～25 ℃变温下 104 d 及 3～7 ℃ 低温下 40 d，发芽率可达 47.8%。

（二）种子的寿命与贮藏

种子的寿命与种子成熟度、所含水分、贮藏温度有关。一般情况下含淀粉的种子比含油脂的种子耐贮藏，充分成熟的种子比未成熟的种子寿命长。种子水分 5%～14% 的范围内，每降低1%，可使种子贮藏寿命延长一倍。但有少部分种子如细辛、黄连、孩儿参等不耐干藏，宜湿藏。温度在 1～35 ℃时，每增高 10 ℃，植物生理代谢强度提高 2～3 倍，温度每增加 5 ℃，种子寿命减少一半。

种子贮藏分以下几类：①低温干藏型，在-20～-10 ℃，含水量 6%～12% 的干燥条件下贮藏；②湿藏型，用沙、腐殖质土、蛭石、珍珠岩、苔藓等保湿材料层积存放的方式贮藏。

（三）种子处理

播种前进行种子处理，对防治病虫害，打破休眠，提高发芽率、发芽势，使之苗全苗壮具有重大作用，处理种子的常用方法如下。

1.晒种

晒种能促进种子的成熟，增强种子酶的活性，降低种子含水量，提高发芽率和发芽势；同时还可以杀死种子传带的病虫害。晒种时应选晴天，所晒种子要勤翻动，使其受热均匀，加速干燥。

2.温汤浸种

可使种皮软化，增强种皮透性，促进种子萌发，并杀死种子表面所带病菌。不同的种子，浸种时间和水温有所不同。如颠茄种子在 50 ℃ 水温中浸 12 h，才能提高种子发芽率和整齐度。

3.机械损伤种皮

对于皮厚、坚硬，不易透水、透气的种子，利用擦伤种皮的方法，可以增强透性，促进种子萌发，如甘草、火炬树种子等。杜仲可剪破翅果，取出种仁播种，但要保持土壤适宜的湿度。黄芪、穿心莲等种皮有蜡质的种子，先用细沙摩擦，使其略受损伤，再用 35～40 ℃ 温水浸种 24 h，可使发芽率显著提高。

4.层积处理（又称为沙藏处理）

选择高燥、不积水的地方，挖一个 20～30 cm 深的坑，坑的四周挖好排水沟，防止雨水流入，把调好湿度的沙或腐殖土或干净的沙土，与种子按3：1的比例拌好，放入坑内，覆土 2 cm 左右，上面盖草，再用防雨材料搭荫棚，半个月左右检查1次，保持土壤湿润，2～3 个月种子裂口，即可播种。如人参、西洋参、黄柏、黄连、芍药、牡丹等都可采用此法处理。

5.药剂处理

用化学药剂处理种子，必须根据种子的特性，选择适宜的药剂和适当的浓度，严格掌握处理时间，才能收到良好的效果。如颠茄种子用浓硫酸浸渍 1 min，再用清水洗净后播种，可提高种子发芽率和整齐度。明党参种子在 0.1% 小苏打、0.1% 溴化钾溶液中浸 30 min，捞起立即播种，可提早发芽 10～20 d，发芽率提高10%左右。

6.生长刺激素处理

生长刺激素常用的有 2，4-D、吲哚乙酸、萘乙酸、赤霉素等。用赤霉素 10～20 mg/L 分别处理牛膝、白芷、桔梗等种子，均能提早1～2 d发芽。金莲花采用 500 mg/L 赤霉素溶液浸种 12 h，可使种子提早发芽和提高发芽率。

（四）播种

大多数中药材的种子可以直接播于田间，有的幼苗比较柔弱，需先在苗床育苗。因此，播种方法可大致分为露地直播和保护地育苗。

1.露地直播

1）播种期

一年生草本植物大部分春季播种；多年生草本植物适宜春播或秋播；核果类的木本植物，如银杏、核桃等，则适宜冬播；有些短命种子宜采后即播，如细辛、肉桂等；有些特殊种类如芍药、牡丹等则宜于夏播。春播宜在 3～4 月，秋播宜在 9～10 月进行。

2）播种的土壤条件

以土壤水分适度、天气晴朗为宜。土壤太干种子不能吸胀，太湿氧气不足，影响种子萌发，尤其小粒种子更应谨慎。土壤以富含有机质、疏松肥沃的沙壤土为好。

3）播种方法

播种方法有条播、点播、撒播三种。

（1）条播：按一定距离在畦面开小沟，把种子均匀地播在沟里，盖上细土。条播易于中耕、施肥等管理，在药材栽培上多被采用。

（2）点播：按一定的株行距在畦面上挖穴，每穴播种 2 粒至数粒，然后盖细土。这种方法适用于种子较大或种子量少，需精细管理的种类，如丁香、栝楼等。

（3）撒播：把种子均匀地撒在畦面上，再盖一层细土。此法多在苗床育苗时应用，大田播种较少采用。缺点是管理不便。

4）播种深度

播种深度与种子发芽、出苗和生长都有很大关系。播种深度常由下列几种情况决定：在寒冷、干燥、土质疏松（如沙质壤土）的地带，覆土应稍厚些；在气候温暖、雨季充沛、土质黏重的地带，覆土应薄些；种子千粒重较大、发芽率高的可播深些；种子粒小、发芽率低的宜浅播。一般覆土厚度可为种子直径的 2~3 倍，在不影响种子发芽的原则下，以浅播为宜。

5）播种后管理

播种后管理主要是掌握适当水分，尤其是浸种催芽的种子不耐干旱，浇水时要避免土壤板结。出苗后适当控制水分，让根系下扎。

2.保护地育苗

有些药用植物，为了延长生长期，提高产量和质量，往往提前在保护地育苗，保护地设施主要有以下几种：

（1）地膜覆盖。在畦面上盖地膜，待出苗前揭去地膜或见苗后把地膜穿破让其出土。地膜可保墒防草等，增产明显。

（2）塑料棚。用树枝、竹竿或钢筋做成拱形，上盖防老化塑料膜，北侧加盖草帘，南侧白天吸收光热，傍晚放草帘保温。

（3）改良阳畦。即在塑料棚的基础上于棚的北侧筑一土墙，骨架的一端固定在土墙上，呈半拱形棚，其保湿防寒效果优于塑料棚。

二、营养繁殖

营养繁殖最常用的方法为分株繁殖，又叫分割繁殖，是营养器官自然脱离母体而单独生长形成新的个体，分株繁殖法有以下五种：

（1）鳞（球）茎繁殖。鳞茎如贝母、百合，球茎如半夏、西红花等。在其地下茎周围长出许多小的鳞（球）茎，可作繁殖材料。

（2）块茎（根）繁殖。地黄、山药（块茎）、何首乌（块茎）等按芽和芽眼位置切割成若干小块，每一小块必须保留一定的表皮面积和肉质部分。

（3）根状茎繁殖。款冬、薄荷、甘草等，其横走的根状茎可按一定长度或节数分割为若干小段，每段有 3~5 个节，作为繁殖材料。

（4）分根繁殖。芍药、牡丹、玄参等多年生宿根草（木）本植物，植株地下部枯死后萌芽前将宿根挖出，分成若干小块作为繁殖材料。

（5）珠芽繁殖。百合、半夏、小根蒜（薤白）的叶腋或花序上长的珠芽相当于种子，取下播种即可。

分株繁殖时间以休眠期到出苗前为好，新切割的繁殖材料以晾 1~2 d 待伤口稍干或拌草木灰后种植为好，可加强伤口愈合，减少腐烂。栽时土壤要适当踩紧，土壤干旱时及时浇水。

其他的繁殖方法还有压条繁殖、扦插繁殖、嫁接繁殖等。

第四章 中药材的田间管理

田间管理是种植中药材获得丰产的有力保证，俗话说“三分种七分管”，说明田间管理的重要性。

一、间苗、定苗、补苗

用种子繁殖的中药材，为了防止缺苗，播种量往往较大。为避免幼苗拥挤、遮阴、争夺养分，要拔除一部分幼苗，选留壮苗，使之保持一定的营养面积，这叫间苗。间苗宜早不宜迟，避免幼苗过密生长纤弱，发生倒伏和死亡。

间苗的次数可根据中药材种类而定，播种小粒种子，间苗次数可多些。为防止缺苗，可间苗 2～3 次后才定苗。播种大粒种子间苗次数可少些，如决明、薏苡等间苗 1～2 次即可定苗。点播如怀牛膝每穴先留 2～3 株幼苗，待苗稍大后再进行 2 次间苗、定苗，每穴留苗1株。

直播或育苗移栽都可能造成缺苗断垄，为保全苗，可选阴雨天挖苗移栽或带土移栽，并进行补苗。应使用同龄幼苗或植株大小一致的苗。

二、中耕、除草、培土与追肥

（一）中耕、除草、培土

疏松土壤的作业称“中耕”。中耕可消灭杂草、减少养分消耗；防止病虫的滋生和蔓延；疏松土壤，流通空气，加强保墒。

中耕除草一般在封行前进行，中耕的深度要看地下部生长情况而定。根群分布于土壤表层的，中耕宜浅；根群深，中耕可适当深些。中耕的次数根据气候、土壤和植物生长情况而定。苗期植株小，杂草易滋生，常灌溉或雨水多，土壤易板结，应勤中耕除草，待植株枝繁叶茂后，中耕除草次数宜少，以免损伤植株。此外，天气干旱或土质黏重板结，应多中耕；雨后或灌水后为避免土壤板结，需待土壤稍干后再进行操作为好。

有些药用植物应结合中耕除草进行培土。培土能保护植物越冬过夏（如辽细辛），避免根部外露（如地黄、玉竹等），防止倒伏，保护芽苞（如玄参），促进生根（如半夏），防止根部向上生长（如太白贝母）。

（二）追肥

追肥以速效性肥料，且在非雨天施用为好，为了及时而充分地满足植物在生长发育过程中对养分的需要，必须在其生长发育的不同时期，分期、分批施用。多年生植物常于返青、分蘖、现蕾、开花等不同时期施用。以种子和果实为产品的中药材，在蕾期、花期追肥为好；以根、根茎、鳞茎类作药的中药材，在地下部膨大期追肥能获高产。一年中收获多次的药用植物应在每次收获后及时追肥。追肥时应注意肥料的种类、浓度和用量，以免引起肥害，造成植株徒长和肥料流失。

三、灌溉与排水

水分是中药材生长发育的重要条件之一。水分不足，植物萎蔫，轻则减产，重则死亡；水分过多，茎叶徒长，延迟成熟，甚至使根系窒息而死。故排灌是种植中药材不可忽视的关键环节。

（一）灌溉的一般原则

灌溉需要根据不同中药材的习性区别对待，如甘草、麻黄等性喜干旱，应少浇水；泽泻、莲等水生植物则不能缺水。通常一年生中药材从播种到开花，需水量不断增加，开花盛期后需水量开始减少。一般药用植物苗期宜勤灌、浅灌，生长盛期应定期灌透水。花期对水分要求较严，过多常引起落花，过少则影响受精；果期在不造成落果的情况下，可适当偏湿，接近成熟期应停止灌水。夏季灌水，为减少土温与水温的差异，宜在早、晚进行。

（二）灌溉方法

灌溉方法有沟灌、畦灌、淹灌、喷灌、滴灌、渗灌、皮管浇灌等，目前采用较多的是畦灌和沟灌。有条件的地方，应向喷灌和滴灌方向发展，用最少的水量获得最高的产量。

（三）排涝

雨季来临前要挖好排水沟，地下水位高、土壤潮湿，田间有积水时，应及时排出，以免烂根，甚至造成病害蔓延。

四、整枝、打顶与摘蕾

（一）整枝

整枝（整形）是通过修剪来控制植物生长的一种管理措施。通过整枝修剪可以培养骨干枝，形成良好的结构；可以改善通风透光条件，加强同化作用；可以减少病虫危害；可以调节养分和水分的运转，减少养分的无益消耗，提高植物体各部分的生理活性；还可以恢复老龄植物的旺盛生活力。修枝主要用于以果实入药的木本植物，但有的草本药用植物也要进行修枝，如栝楼，主蔓开花结果迟，侧蔓开花结果早，所以要摘除主蔓而留侧蔓。对以树皮入药的木本植物应培养直立粗壮的主干，剪除下部过早的分枝；以果实、种子入药的木本植物，可适当控制树体高度，注意调整各级主侧枝，促进开花结实。对幼龄树一般宜轻剪，对于有些灌木类，如枸杞、玫瑰等幼树则宜重剪。对于成年树的修剪多用疏删或短截，以维持树势健壮和各部分之间的相对平衡，使每年都能抽生强壮充实的营养枝和结果能力强的结果枝。修枝的时间南方一般在冬、夏两季，北方在春、夏、秋三季均可进行，但以秋季为主。秋、冬季修剪主要是修剪主、侧枝和病虫、枯、萎、纤弱及徒长枝等；夏季修剪主要是抹掉赘芽、摘梢、摘心等。

修根只在草本植物中采用，如附子、芍药、柴胡等。附子修根主要除去过多的侧生块根，使留下的块根生长肥大，以利加工；芍药修根主要是除去侧根，保证主根生长肥大，达到增产的目的。

（二）打顶与摘蕾

打顶与摘蕾都是使植物各器官布局更合理，有利于药材优质高产的调控措施。

1.打顶

摘去顶芽，是破坏顶端优势，抑制主茎生长，促使侧芽发育。如菊花适时摘除顶芽可促进侧枝生长，增加花朵，提高产量；薄荷在分株繁殖时，由于生长慢，植株较稀，去掉顶芽，侧枝很快生长，能提早封行，附子适时打顶并不断除去侧芽可抑制地上部生长，促进地下块根膨大，提高附子产量。打顶宜早不宜迟，应选晴天进行，以利伤口愈合。

2.摘蕾

植物为了繁殖后代，总是把养分优先供应生殖器官。摘除花蕾抑制了生殖生长，转而促进营养器官的生长，凡是不以种子、果实作药或不采籽的中药材都可摘蕾提高产量。

已报道摘蕾增产的中药材有白术、桔梗、人参、黄连、三七等十几种。

五、覆盖、遮阴与支架

（一）覆盖

利用树叶、稻草、土杂肥、厩肥、谷糠、土壤等撒铺在地面上，叫覆盖。覆盖可以防止土壤水分过度蒸发及杂草的滋生，使表土层不易板结，增加土壤内的养分，有利于药用植物的生长。

1.生长期覆盖

有些中药材在播种后，由于种子发芽慢、时间长；或因种子细小覆土较薄，土面容易干燥而影响出苗，在这种情况下需要进行覆盖，如党参。有些在生长期也需要覆盖，如西洋参、人参、三七等。

2.休眠期覆盖

有许多中药材，在冬季易发生冻害，需要覆盖越冬。种植人参、西洋参在秋季畦面盖草覆土等，既能保湿又能保护安全越冬。

3.防霜与防寒

多年生或一年生草本药用植物由于生长期较长，往往到霜期尚未成熟，这时应根据当地气候条件，采取不同的防霜、防寒措施，如熏烟、灌溉、覆盖、培埋、设置风障以及冬季堆雪等。

（二）遮阴与支架

1.搭设荫棚

对于阴生中药材如人参、三七、黄连等和苗期喜阴的中药材如绞股蓝、广藿香等，为避免高温和强光危害，需要搭棚遮阴。由于不同的药用植物种类以及不同的发育时期对光的要求不一，必须根据不同种类和生长发育时期，对棚内透光度进行合理调节。至于荫棚的高度、方向则应根据地形、气候和药用植物生态习性而定。

2.搭设支架

藤本中药材一般不能直立，但具有缠绕、攀缘特性，栽培时需搭设支架。一般草质藤本植株较小，架设支柱即可；木质藤本植株大，生长期长，宜搭设棚架。

第五章
中药材病虫害的防治

一、中药材病虫害防治方法

（一）农业防治

农业防治是通过调整栽培技术措施减少或防治病虫害的方法。这些措施大多数是预防性的，体现了预防为主的精神。农业措施一般不增加额外开支，安全有效，简便易行，容易被群众所接受。

1.合理轮作和间作

一种中药材在同一块地上连作，会使其病虫源在土中积累加重。进行合理轮作和间作对防治病虫害、充分利用土壤肥力都是十分重要的。特别对那些病虫土中寄居或休眠的中药材，实行轮作更为重要。如土传发生病害多的人参、西洋参绝不能连作，老参地不能再种参，否则病害严重。合理选择轮菌作物对象很重要，同科、属植物或同为某些严重病虫害寄主的作物不能选为轮作物。

2.耕作

冬耕垡可以直接破坏害虫的越冬巢穴或改变栖息环境，减少越冬虫源。例如对土传病害发生严重的人参、西洋参等，播前除须休闲地外，还要耕翻晒土几次，以改善土壤物理性状，减少土中病原菌数量，达到防病的目的。

3.除草、修剪和清洁田园

田间杂草和中药材收获后残枝落叶常是病虫隐蔽及越冬场所和来年的重要病虫来源。除草、修剪病虫枝叶和收获后清洁田园将病虫残枝和枯枝落叶进行烧毁或深埋处理，可大大减少病虫越冬基数，是防治病虫害的重要农业技术措施。

4.其他农业措施

调节中药材播种期，使其病虫的某月发育阶段错过病虫大量侵染为害的危险期，可避开病虫为害，达到防治目的。其他还有合理施肥、选育抗病虫品种等，都是重要的农业防治技术。

（二）生物防治

生物防治的含义是应用某些有益生物（天敌）或其产品或生物源活性物质消灭或抑制病虫害的方法，主要生物防治的方法有以下几点。

1.以虫治虫

利用天敌昆虫防治害虫包括利用捕食性和寄生性两类天敌昆虫。捕食性昆虫主要有螳螂、蚜狮（草蛉幼虫）、步行虫、食虫椿象（猎蝽等）、食蚜虻、食蚜蝇等。寄生性昆虫主要有各种卵寄生蜂、幼虫和蛹的寄生蜂。大量繁殖天敌昆虫释放到田间可以有效地抑制害虫，以达到控制害虫的目的。

2.以微生物治虫

以微生物治虫主要包括利用细菌、真菌、病毒等昆虫病原微生物防治害虫。病原细菌主要是苏芸金杆菌类，它可使昆虫得败血病死亡。病原真菌主要有白僵菌、绿僵菌、虫霉菌等。一般一种病毒只能寄生一种昆虫，专化性较强。

3.抗生素和交叉保护作用在防治病害上的应用

颉颃微生物的代谢产物称抗菌素。用抗菌素或抗生菌防治植物病害已获得显著成绩。如用哈茨木霉防治甜菊白绢病，用5406菌肥防治荆芥茎枯病有良好效果。

（三）物理防治

用温度、光、电磁波、超声波、核辐射等物理方法防治病虫害称为物理防治。温度和光应用较多。用温汤浸种可防治薏苡黑粉病和地黄胞囊线虫病。昆虫对不同波长的光或颜色有趋性，因此可利用此习性对某些鳞翅目成虫和金龟子等进行灯光诱杀。

（四）化学防治

化学防治是应用化学农药防治病虫害的方法。

化学防治目前还是防治农作物病虫害的重要手段，其他防治方法还不能完全代替它。但化学农药的弊端如造成的农药残留、环境污染和病虫害抗性等已逐步引起人们的重视。

化学防治必须符合有害生物综合治理的要求，即要从生态学观点出发，考虑化学防治。首先要求在施药最适时期，以最低有效浓度用药。选择主治和兼治的对象，以取得事半功倍的防治效果。还要注意选择高效、低毒、低残留农药，以减少农药残留和对产品与环境的污染。

二、农药在中药材上的应用

农药在中药材上的使用原则是：能不用药尽量不用，能少用药尽量少用，能兼治尽可能兼治，能用生物农药尽量不用化学合成农药，以期达到将农药污染减少到最低限度的目的。

（一）对症施药

农药品种很多，特点和用途各异。中药材病虫害种类繁多。因此，使用农药前必须查清和认识防治对象，选择适当的农药品种，以达到对症施药的理想效果。

（二）适时施药

施药时期应根据有害生物的发育期及中药材生长进度和农药品种而定。为减少用药次数，仅在必须用药控制的关键时期用药为好。为保护天敌，在天敌数量较多，可以自然控制的情况下不宜用药。在必须施药时也应尽可能避开天敌对农药的敏感期和选择对天敌较安全的农药。

（三）适当施药

无论使用何种农药都必须按照农药使用说明书推荐用量使用，严格掌握施药量和施药方法及注意事项，不能随意增减，以免造成中药材药害或影响防治效果。操作时要称量准确，并计算准施药面积，才能做到准确适量施药，取得好的防治效果。

（四）科学混配农药

科学地混用农药可以提高防治效果、延缓有害生物产生抗药性或扩大使用范围，兼治不同种类病虫害，节省人力和用药量，降低成本，提高药效，降低毒性，增强对人、畜的安全性。为方便混用，我国已开发了不少农药混剂品种，可供选择使用。

第六章
中药材的采收与加工

一、中药材的采收

中药材生长发育到一定阶段，药用部位或器官已符合入药要求时，人们采取措施从田间采收运回的过程，称为中药材采收。中药材采收不仅要求产量高，而且质量好，这就要求符合采收标准。中药材的采收标准包含两个方面的意义：一是指药用部位达到固有的色泽和形态特征；二是性、味、有效成分已达到药典规定的标准。中药材药用部位的成熟与植物生理上的成熟是不同的概念，前者以符合药用为标准，后者以能延续植物生命为标准。因此，为了符合要求，采收具有很强的时间性和技术性，时间性主要指采收期、采收年限，技术性主要指采收方法和药用部分的成熟度。

（一）采收期

中药材的采收期，是指在一年中具体的收获日期，由于我国地域广阔，气候环境差异大，不同植物不同地区的采收期很难统一。因此，确定经济采收期的主要依据是成熟度及有效成分含量，有效成分积累高峰期可经试验研究而得，最佳采收期要由品质与产量的综合情况而定。中药材采收期依种类不同而异。

1.根与根茎类中药材的采收期

一般在植株完成年生育周期，进入休眠期时采收，此时根及根茎生长充实，地上部分生长停滞或枯萎，地下部分积累的有效成分含量最高，如人参、黄连等。但是也有一些药用植物，如当归、白芷、川芎等伞形科植物，因抽薹开花大量消耗营养物质、根部木质化，品质大大降低，需在抽薹开花前采收。此外也有些药用植物如附子、麦冬等在生长发育盛期采收。

2.全草类和叶类中药材的采收期

全草或叶类入药的品种，如大青叶、薄荷、藿香等，通常在花蕾尚未开放之前采收为好。因为这时叶片肥大，光合作用旺盛，叶内有效成分高。一旦植株开花结实，叶片中的营养物质转移到花或果实中去，会严重影响药材质量。有少数草药如茵陈蒿、白头翁等，必须在幼苗期采收，显蕾前采收已成为次品。因此，多在早春季节采收，谚语有“三月茵陈，四月蒿，五月六月当柴烧”。个别品种如桑叶，要在降霜季节采收。

3.果实、种子类中药材的采收期

1）果实类中药材的采收期

（1）干果。一般干果在果实停止增大，果壳变硬，颜色褐绿呈固有色泽时采收，如薏苡、连翘、砂仁等。

（2）肉果。以幼果入药多在 5～7 月采收，如枳实、乌梅等；以绿果入药的，应在果实不再增大，并开始褪绿时采收，如枳壳、香橼、栝楼等；以完整果实入药的，多在8月开始收获，如枸杞、山茱萸、五味子等。

2）种子类中药材的采收期

一般在果皮褪绿呈完全成熟状态，种子干物质积累已停止，达到一定硬度，并呈现固有色泽时采收，如决明、薏苡、葫芦巴等。

成熟的种子与果实有效成分含量最高，而且产量高，加工后折干率也高。

4.树皮和根皮类中药材的采收期

树皮可供药用的如杜仲、厚朴、黄柏等，以 4～5 月春末夏初为采收适期，此时植株生长旺盛，皮层内养分多，植物浆液已开始移动，形成层的细胞分裂较快，皮层和木质部容易剥离，割后伤口也容易愈合。

根皮的采收期则应推迟到生育周期的后期，一般在 8～10 月，如牡丹、远志等。采收过早根皮积累的有效成分少，产量、质量及折干率均低。

此外栽培于热带、亚热带的肉桂等皮类药用植物，由于生育周期长，几乎全年均可剥皮。

5.花类中药材的采收期

用花入药的根据种类和药用部位不同，其采收期略有差异，无论是以花蕾、花朵、花序柱头（西红花）、花粉或雄蕊等入药，采收时都应注意色泽和发育程度，它们都是质和量的重要标志，大多数采收期在春夏季（如金银花、槐花、厚朴花等），少数在秋季（如菊花）或在冬季（如款冬花等）。采花时间以在晴朗天气，晨露散后，花朵的芳香尚未逸散时为好。

（二）采收方法

采收方法恰当与否会直接影响药材的质量，栽培中药材的采收方法主要有以下几种：

（1）挖掘。适合于根及根茎类药材，挖掘时注意土壤不干也不能过湿。

（2）收割。适用于采收全草类、花类、果实和种子类药材，且成熟期较一致的草本，其中全草类一年两收以上的药用植物，第一、二次收割时要留茬，以利于萌发新株，并可提高下次产量，如薄荷、柴胡等。

（3）采摘。适用于成熟不一致的果实、种子和花的收获，如辛夷花、菊花、佛手、栀子等。

（4）击落。适于树体高大的木本、藤本，树下可垫布围或草席，以减轻损伤，便于收集。

（5）剥离。主要用于树皮和根皮。

二、中药材的产地加工

（一）产地加工、炮制的概念及加工的意义

药材收获后，需经不同处理，这些处理通常被笼统地称为加工或加工炮制。实际上加工与炮制是不同的概念。凡是在产地对药材进行的初步处理与干燥，称为加工，也叫产地加工或生药加工。药房、药店、制药厂或病人对药材进行的再处理，则称为炮制。产地加工是将鲜品通过干燥等措施，使之成为药材（或叫生药）。炮制是将药材进行切片、炒、炙等，使之成为直接供病人服用的饮片。

药材加工的目的是提高药效和有效成分含量，保证药材品质，达到医疗用药的目的，并便于包装、贮存和运输。

（二）加工与药材品质

1.药材的成熟度

未成熟的药材加工干燥后外表干瘪、皱缩，内部质量差。

2.温度

温度高低不仅影响干燥速度，而且影响化学成分存在的状况，温度过高会使挥发油大量丧失，而且有效成分降低，还会使药材枯焦。

3.水分

加工用水的清洁度很重要，水浑浊或盐碱高会污染药材，使之失去色泽等。菊花、红花雨后采收的干后黏结成团，色泽暗淡。

4.化学成分

加工过程中化学成分不断发生变化，加工不当，有些成分丢失或变质，如不及时干燥，皂甙成分易分解损失。使用铁器切削鞣质会变黑等。

5.辅助材料

如白芍浸渍加入玉米粉、豌豆粉浆能抑制氧化变黑，附子加工需用盐和盐卤，贝母加工要加蚌壳灰，糖参需加糖等，都是辅料，其质料好坏对药材有较大影响。

6.加工设备

烘干房、炕灶、机械、撞笼、撞苑、通风、排潮、熏蒸、蒸煮、烫、浸、渍、清洗等设备的质量都应符合要求。

7.加工技术

加工技术是影响药材质量的主要因素，上述各因素（条件）只有通过人的优良加工技术才能发挥最佳的效果。

（三）中药材的干燥

中药材种类繁多，其加工方法差异较大，其处理程序主要有：洗涤→清理和选择→去皮→修整→蒸、煮、烫→浸漂→熏硫（传统加工方法）+发汗→干燥。

以上程序不是每种药材都需要，但干燥是使用最普遍的。

1.干燥方法

药材采收之后，除少量鲜用外，绝大部分需要干燥加工，刚采收下来的鲜品，含有较多的水分，如不及时干燥，极易霉烂变质。干燥加工的目的，主要是去掉水分，防止变质，便于贮藏，有利于炮制和投药。

干燥的方法大致可分为晒干、阴干、烘干三种，有些药材的干燥加工常是几种方法穿插应用。

（1）晒干法，是利用阳光和户外流动的空气使采收的鲜品得以干燥的方法。晒干法一般适用于不要求保持一定颜色和不含挥发油的药材，如薏苡、黄芪、牛蒡子、决明子以及丹皮、杜仲等。有些种类在阳光直接照射下，容易因失去固有的天然颜色，降低质量，则不宜采用此法，可以进行晾晒。晾晒时通常把采收的药材摊放在席子上，要注意防雨、防露，防止大风吹散，要经常翻倒，促其及早干燥。

（2）阴干法，是把鲜品放置在室内或棚下通风较好的地方，促使水分自然蒸发而得以干燥的方法。为了充分利用空间，可在棚内或室内支设立架，或在垂直的立柱上钉上横梁，把鲜品摊摆于器皿内，然后分层放置，最好安置排风扇加快干燥。阴干法适合干燥荆芥、红花、藿香、桂皮等具有芳香气味的药材。

（3）烘干法，亦称热干燥法，即利用人工加热，将药材烘干。烘干黄连、贝母、白术、地黄时，多用炉灶等烘干设施。

2.干燥中需要注意的问题

（1）用根及地下茎类入药的中药材，首先应去净泥土、须毛，有的还要刮去外皮，如白芍、桔梗、北沙参等。

（2）对水分较多的药材，采收后可放入沸水中浸烫片刻，再捞出晾晒。这样可使细胞内的蛋白质凝固，淀粉糊化，既能促进水分蒸发，又能增加药材的透明度，适应需求的习惯。如郁金、玉竹、天麻、何首乌等，一般洗净后都可蒸煮一次，再行晒干。浸烫或蒸煮要掌握水温和加工时间，蒸烫过度会使药材软烂，影响质量。

（3）对质地坚硬、块根较大的大黄、葛根等，直接晾晒不易干透，可趁鲜切成薄片，然后进行干燥。

（4）叶、花或全草入药的宜在 20～40 ℃ 的条件下进行晾晒。对含有挥发油的药材，温度不宜超过 25～30 ℃，最好是放在较低的温度下进行阴干。

三、中药材的贮藏

药材最好是放在高燥凉爽、空气流通的地方贮藏。根据药材性状不同，贮存保管的方法也应加以区别。

（一）根茎类药材的贮藏

这类药材干燥后需放置于通风、阴凉、低温、干燥的场所贮藏。不宜堆积过高，最好用容器盛装；夏季注意翻晒，预防虫蛀。

（二）根类药材的贮藏

这类药材一般存放在冷凉低温的地方。雨季到来之前，传统的方法是用硫黄熏蒸1次，然后晾晒再行装入容器内保持干燥。

（三）种子、果实类药材的贮藏

这类药材在贮藏中应注意防鼠、防虫。雨季空气湿度大、温度高，要防止发霉出油。

（四）皮类、叶类药材的贮藏

此类药材干燥加工后应打捆或用筐篓盛装，放置在通风冷凉处。对于比较贵重的品种如桂皮等，应装入内衬铝皮的木箱，在箱内放进硅胶干燥剂，密闭贮藏。

（五）花类药材的贮藏

花类药材贮存以能够保持其色鲜味正为原则，一般宜用木箱包装。如金银花每箱包装 25 kg，密封，使其与外界空气隔绝。夏季放进冷藏仓库效果良好。

贮藏药材应根据不同种类采取不同的措施，以保证干燥、防止霉烂，避免虫、鼠危害。贮藏期间一般以室温 15～18 ℃、相对湿度在 20%～50% 为宜。

下篇 XIAPIAN

1. 山药
(*Dioscorea opposita* Thunb.)

山药 别名薯蓣、山菇（广东）、怀山药（河南）、白山药。为薯蓣科缠绕草质藤本。主产于河南、山西、河北、陕西、广西等地，我国南北各地均有栽培。

生物学特性

• 生长发育

山药从出苗到现蕾为发棵期，从现蕾到茎叶生长基本稳定为块茎生长盛期，进入块茎生长后期，块茎体积不再增大，但重量仍在增加。花期6～9月，果熟期7～11月。霜后地上部分枯萎，块茎进入休眠期。25～28 ℃为山药生长最适温度，块茎在土温20～24 ℃生长最快，块茎发芽要求土温15 ℃左右，地下块茎及其休眠的隐芽能抗-15 ℃左右的地冻条件。

• **生态习性**

山药喜温暖、阳光充足，茎叶喜温怕霜，山药虽耐阴，但积累养分、块茎长粗长长需强光。土壤以沙壤土为最好，黏土地也可栽种。山药喜有机肥，但不宜施入土内。

栽培技术

• **选地整地**

宜选土层深厚、肥沃疏松、向阳温暖、排水良好、地下水位在1 m以下的沙壤土种植。沙土、黏土地虽然也可种植，但须改良。在头年冬至前挖好种植沟。单沟单行沟距 100 cm，沟 50 cm，深 1.6～1 m；单沟双行沟距 120 cm，沟宽60 cm，深0.6～1 m。春季随解冻随填土，每填20～30 cm要踏实后再填。填土前要用虱螟灵或辛硫磷等农药处理土壤，然后蛰实土壤。结合填土可施入少量腐熟有机肥。最后做成平畦待种。

• **繁殖方法**

（1）芦头繁殖。芦头，又称“龙头”，指山药块茎上端有芽的一节。秋末冬初挖取山药时，选择颈短粗壮，无分枝，无病虫害的山药，将上端有芽的一节，长约17 cm，取下作种，生产上又称为山药“栽子”。单沟单行的于畦中央开深度为10 cm的沟，施少量种肥后，将栽子平放沟中，株距15 cm，最后覆土10 cm。单沟双行者可于畦两侧各开一沟栽植，株距、种植方法同单行。最好呈三角形种植。

（2）山药段子栽植法。在霜降后采挖山药时，选留两端同粗，直径 3～5 cm、色泽鲜嫩、无病虫害的块茎，截成6～8 cm长、重65～100 g的段子。段子两头要经太阳晒干（晴天中午晒2～3 h），或蘸草木灰。然后用40%多菌灵 400倍液浸泡1～2 h，捞出淋干水，排放在背风向阳的地方，一般排入

2～3层或4～6层，上面用湿土覆盖。到来年清明节前后，拣出芽的段子栽种。

另外，还有截节直播繁殖和零余子栽植等方法。

• 田间管理

（1）搭架。山药出苗后几天需立即搭架扶蔓。一般用“人”字架，架的交叉点离地面高70 cm左右；或用三角、四角架。搭架材料最好用竹竿、树枝。竹竿长1.5 m以上为好。

（2）中耕除草。山药出苗后要勤中耕除草。山药田的杂草有牵牛、田旋花、野荞麦等。除草后要及时培土，以免露出地下块茎。

（3）水肥管理。播种后直到发棵都可施铺粪。一般在播前7～10 d每亩用充分腐熟有机肥8 000～10 000 kg浅施表土层。现蕾期、块茎生长盛期，每亩追施尿素10 kg 左右，在离根20 cm远的地方穴施。山药块茎生长盛期，需钾肥量急剧增加，故在苗高1.5 m时，亩施磷酸二氢钾5～7 kg。或硫酸钾5～7 kg、过磷酸钙8～12 kg。肥料要在离根部10 cm以远挖穴施入。

山药不耐旱又怕涝。生长前期不浇水。块茎生长盛期土壤需保持湿润状态，不旱则不浇；若需浇水时，宜浇跑马水，排水沟内不能积水。遇雨涝要及时排水，使水不渗入到种植沟内。

• 病虫害防治

（1）山药的病害主要是炭疽病和褐斑病，防治方法是栽前用1∶1∶150波尔多液浸栽子和段子10 min；出苗后每隔10～15 d 喷一次1∶1∶150波尔多液，连续2～3次，以作预防；发病初期，每隔7 d喷一次65%代森锌500倍液，连续2～3次。

（2）山药的虫害主要有小地老虎、蛴螬、叶蜂。小地老虎的防治方法为：摆放泡桐叶进行人工捕杀；每亩用90%晶体敌百虫50～100 g，加水1.5～2 kg 溶解后，拌入炒香的棉籽饼粉（或麦麸）5～7 kg，制成毒饵，诱杀幼虫。防治蛴螬可在整地时，用90%晶体敌百虫配成毒土进行土壤消毒；用90%晶体敌百虫1 000～1 500倍液浇灌。另外，可用90%晶体敌百虫1 000倍液喷雾杀灭叶蜂。

采收加工

春栽山药于当年霜降前后即可收获。10月下旬，地上部枯黄时，先采收珠芽，再拆除支架，割去茎蔓。从山药地的一端，顺行挖深60～100 cm的沟，将块茎挖出，防止损伤，去净泥土，把顶部芦头取下贮藏作种栽。传统加工方法用竹刀（若接触铁器，则发生黑红色斑点，影响质量）趁鲜刮净外面粗皮、须根，放在炕里用硫黄熏蒸（100 kg鲜山药约用硫黄1 kg）16～24 h，或延长时间，要熏透，使其色泽洁白，变软后拿出日晒或烘至外皮干燥再堆起来发汗。而后反复烘晒发汗数次，直至全干，即为毛山药。选择粗大、条直的毛山药用清水浸润4～6 h，放平板上，用木板压于山药上进行揉搓使其呈圆柱形，两端切齐，趁潮湿用硫黄熏一遍，晒干后打磨光洁即为光山药。亩产干品250～300 kg，折干率20%～30%。两种山药，均以条干、个大、均匀、质坚实、粉性足、色洁白者为佳。用木箱或篓包装，箱、篓内衬以白纸，外用牛皮纸固封勿使透风，置干燥处贮藏，防潮防霉蛀。

2. 地黄

（*Rehmannia glutinosa*（Gaertn.）Libosch. f.*hueichingensis* Hsiao）

地黄　别名怀地黄，为玄参科地黄属多年生草本。我国大部分地区皆有栽培，以河南温县、博爱、沁阳、武陟、孟县等地产量最大，质地最佳。

生物学特性

• 生长发育

在25～28 ℃条件下，种栽在大田播种后7～15 d出苗。8～10月为根茎迅速生长期，10～11月地上茎叶枯萎。花期 4～5月，果期 5～6月。

• 生态习性

喜温和气候，需要充足阳光，块根在气温 25～28 ℃时增长迅速。对土壤要求不严，肥沃的黏土也可栽种。耐寒，喜干旱，怕积水，忌连作。

栽培技术

•选地整地

宜选开阔、向阳、阳光充足的地块，地下水位低，以疏松肥沃、排水良好的沙质壤土为好。前茬选小麦、玉米等禾本科作物为宜。秋季前作收获后，深耕30 cm左右。翌年春季每亩施厩肥4 000～5 000 kg，加过磷酸钙50 kg，均匀撒施地面，再浅耕一次，耙细整平，做宽1.2 m的平畦或高畦，也可以起60 cm的高垄。

•繁殖方法

多采用根状茎繁殖，亦可以用种子繁殖，但多用于育种工作。

（1）根状茎繁殖。首先要培育种栽，作为繁殖材料。北方多采用窖藏种栽，即秋季挖收春地黄，选优良品种、无病虫害、形体好的根茎，在地窖里沙藏留种。南方多采用倒栽留种，在7月中、下旬，于当年春种地黄地内，选优良品种和生长良好的地块，刨出部分地黄，将根状茎截成4～5 cm的小段，按行距20 cm左右、株距10 cm，重新栽种。苗田每亩施厩肥4 000～5 000 kg、饼肥50 kg，每亩用种栽2万个左右。翌年春季挖出分栽。另外，还有露地越冬留种。栽种时，在整好的畦面，按行距30 cm开沟，按株距15～20 cm放根茎一段，覆土3～4 cm。每亩需种栽40 kg左右。早地黄于4月上中旬栽种，晚地黄于5月下旬至6上旬栽种。

（2）种子繁殖。多采用育苗移栽法。于3月下旬播种育苗。按行距10～15 cm浅沟条播，覆土 0.3～0.5 cm，以盖上种子为度。经常喷水保湿。播后半个月即可出苗。当幼苗长出6～8片叶时，即可移栽到大田。按行距20 cm、株距15 cm移栽，栽后浇水。

•田间管理

（1）中耕除草。松土除草一定要浅锄，以免伤根。一般以封行前进行三次，最后一次稍深些。做到田间无杂草。

（2）追肥。结合中耕除草，尽早进行。第一次每亩追施人粪尿2 000 kg、饼肥50 kg，第二次每亩追施人粪尿2 500 kg、饼肥50 kg、过磷酸钙50 kg。如果肥料充足，封行前还可以按第二次的追肥量稍增加些磷肥，进行第三次追肥。

（3）灌排水。苗期如遇春旱，可以适量浇水，施肥后可以浇水，久旱不雨应适量浇水，不可大水漫灌。少浇勤浇。雨季要及时排除田间积水，防止烂根。

（4）摘花薹。除留种外，抽薹时要及时摘除，但不能拔动植株，否则影响地黄的生长，甚至死亡。

（5）清除串皮根。地黄能在根茎处沿地表长出细长的地下茎，称串皮根，应全部除掉，以免养分的无谓消耗。

•病虫害防治

（1）病害主要有地黄枯萎病、轮纹病等。

地黄枯萎病发病初期叶柄出现水渍状的褐色病斑，之后叶柄腐烂，茎叶萎蔫下垂，根部腐烂。可在栽种前，种栽用50%的退菌特500倍液浸种栽3 min或者在发病初期用50%多菌灵1 000倍液灌根进行防治。轮纹病叶面病斑为圆形或不规则形褐色病斑，有明显的同心轮纹，上生小黑点。发病时清洁田园，集中烧毁病残株；或在发病前喷1：1：120波尔多液，发病初期喷50%多菌灵1 000倍液进行防治。其他还有斑枯病等。按常规防治方法防治。

（2）虫害主要有豹纹蛱蝶、红蜘蛛等。

豹纹蛱蝶主要以幼虫为害叶片，可在其幼龄期用90%敌百虫800倍液喷雾防治。红蜘蛛以成虫、若虫拉丝结网，吸食叶片汁液。可在发生期用20%双甲脒乳油1 000倍液或20%三氯杀螨砜1 000倍液喷雾防治。其他还有根胞囊线虫、蛴螬、地老虎等虫害。

采收加工

春地黄于栽种当年10月下旬采收，挖出根状茎，除净泥土即为鲜地黄。将鲜地黄放在箅子上置火炕上慢慢烘烤，至全身柔软，外皮变硬，内部逐渐干燥而颜色变黑取出，堆放1～2 d，使其发汗回潮，再焙干即为生地黄。温度控制在60 ℃左右，过高或过低均会影响质量。生地黄加黄酒50%，于罐内封严，加热炖干黄酒，取出晒干即成熟地黄。

亩产干品400～600 kg，折干率20%～25%。质量以肥大、体重、断面乌黑油润者为佳。

3. 牛膝
（*Achyranthes bidentata* Blume）

牛膝 别名怀牛膝、山苋菜、对节草、土牛膝（野生品）。为苋科牛膝属多年生草本。分布于全国，河南武陟、温县、博爱、沁阳、辉县有大量栽培，河北、山西、山东、辽宁等地也有种植。

生物学特性

• 生长发育

种子在气温21～27 ℃，一般7～10 d出苗。当气温降到−17 ℃时，植株将被冻死。花期和花后为根部生长旺期。花期7～8月，果期9～11月。

• 生态习性

牛膝适宜温暖干燥的气候，不耐寒，在气温−17 ℃时植株死亡。在黏土或碱性土中不宜种植，忌重茬。

栽培技术

• 选地整地

宜选土层深厚、疏松肥沃、排水良好且地下水位较低的沙质壤土地种植。于前作收获后深翻土壤60 cm以上，灌水使表土层沉实，待稍干后，每亩施用腐熟厩肥2 500 kg、过磷酸钙50 kg、菜子饼20 kg，共同混拌均匀，堆沤数日，均匀地撒于表土层，然后再耕翻一次，翻入土内作基肥。整平耙细后，做宽1.3 m的高畦，畦沟40 cm，四周开好较深的排水沟，待播。

• **繁殖方法**

采用种子繁殖。以7月上、中旬为播种适期。播前，将种子放入20 ℃温水中浸泡12 h，捞起晾干后，再与火土灰、人畜粪水拌和均匀，撒播于畦面，播后用四齿耙轻轻搂动土面，使种子下沉入土，再撒盖一层细土，厚1～1.5 cm。最后，畦面再撒盖一薄层谷壳，以利出苗。每亩用种量500～700 g。播后田间保持一定湿度，4～5 d即可出苗。

• **田间管理**

（1）保苗、间苗、补苗。幼苗初期生长柔弱，若遇干旱天气，应及时浇水保苗。当苗高5～7 cm时，开始第1次间苗，去弱留强，保持苗距6～7 cm；当苗高15～17 cm时，按行株距15 cm×15 cm定苗。缺苗时，选阴天进行补苗。

（2）中耕除草、追肥。一般中耕除草3～4 次。齐苗后，进行第1次除草，每亩撒施稀薄人畜粪水拌火土灰1 000 kg；第2次于定苗后，结合中耕除草，撒施1次人畜粪水拌土杂肥的混合肥，每亩1 500 kg；第3次于9月初，每亩施用人畜粪水2 000 kg 加过磷酸钙 50 kg，堆沤数日后，于行间开沟施入，施后覆土盖肥；第4次于10月再追肥1次，用量与施肥方法同第3次。

（3）摘花薹。当牛膝株高50 cm左右，及时分批摘除顶部抽生的花序，使养分集中于根部生长。

（4）排灌水。幼苗期至8月上旬，应控制用水，促使主根下扎，有利根部生长；8月以后，主根不再伸长，灌水量可大些，以促主根发育粗壮。雨季大雨后，要注意及时疏沟排水。

• **病虫害防治**

（1）叶斑病。危害叶部，6～7月雨季发病。病叶出现黄色或黄褐色病斑，严重时叶片变成灰褐色，植株枯死。防治方法：①及时疏沟排水，降低田间湿度，保持通风透光，增强植株抗病力；②发病前后，喷1∶1∶100波尔多液，或65%代森锌500倍液，每7 d喷1次，连续喷3～4次。

（2）根腐病。危害根部，使根部变褐色，呈水渍状，逐渐腐烂，地上茎叶逐渐枯死。防治方法：降低田间湿度，注意疏沟排水；发病时，用50%多菌灵1 000倍液，或5%石灰乳淋穴。

（3）线虫病。危害根部，使根产生瘤状虫瘿。防治方法：实行轮作，最好水旱轮作；土壤在整地时进行消毒处理，每亩可施用3%甲基异硫酸5 kg，撒于畦面，翻入土中。

（4）虫害有尺蠖、红蜘蛛、椿象，可利用假死性对尺蠖进行人工捕杀或用90%敌百虫1 000倍液喷杀。用40%乐果1 000倍液喷杀红蜘蛛、椿象。

采收加工

夏栽的于当年冬季至翌年萌发前均可采收。采挖时，先从畦的一端开始，挖沟宽60 cm、深60～80 cm，然后将牛膝整株连根全部挖出，注意不要挖断根条。先抖去泥沙，除去毛须、侧根。然后，理直根条，每10根扎成1把，直接日晒，晒至八成干时，取回堆积于通风干燥的室内，盖上草席，使其"发汗"，两天后再晒至全干，切去芦头，即成"毛牛膝"。为了防止霉变和虫蛀，传统加工方法将毛牛膝用硫黄熏蒸4～5 h。每100 kg牛膝需用硫黄1.5 kg。然后去杂分级即成商品。

一般亩产干品250～300 kg，折干率30%左右。质量以根粗长、分枝少、柔韧、皮细、纤维少、断面黄褐色为佳。

4. 桔梗
（*Platycodon grandiflorum*（Jacq.）DC.）

桔梗 别名包袱花、铃铛花、道拉基，为桔梗科多年生草本。主产于安徽、江苏、湖北、河南，全国多数地区均产。

生物学特性

• 生长发育

温度18～25 ℃，一般播种后10～15 d出苗。6月以前，桔梗幼苗生长缓

慢。7～9月边现蕾边开花，8～10月陆续结果。10月下旬以后地上植株枯萎，地下部越冬。

• 生态习性

原野生于山坡草丛中。喜温暖湿润的环境，气温 20 ℃时最适宜其生长，但也能耐−21 ℃的低温。对土壤要求不严，一般土壤均能种植。土壤过于潮湿易造成烂根，风大易使植株倒伏。

栽培技术

• 选地整地

宜选择阳光充足、土层深厚、疏松肥沃、排水良好的沙壤土种植，丘陵、山坡、平原地也可栽培。于播前每亩施入腐熟厩肥1 500～2 000 kg、油饼50 kg、过磷酸钙30 kg做基肥（最好将三者混合堆沤后施入），深耕30 cm，耙细整平，拣净草根、石块，做1.2～1.4 m宽的高畦，畦高15 cm，畦沟宽30 cm。育苗地宜选向阳避风处，做1～1.2 m宽平畦，其他同大田。

• 繁殖方法

采用种子繁殖，直播或育苗移栽。

（1）直播。以10月下旬至11月上旬为播种适期，也可在3月下旬至4月上旬春播。播种时按行距13～17 cm开横沟条播，沟深1.5～2 cm，播幅宽10 cm左右，沟底要平整。播前，将种子用0.3%高锰酸钾溶液浸种12～24 h，取出冲洗去药液，晾干后下种。播时，将种子与适量草木灰拌匀后均匀地撒入沟内，覆盖薄层细土，以不见种子为度，盖草保温保湿。秋播的于翌年春季出苗。出苗后揭除盖草，按株距5～7 cm定苗。直播每亩播种量0.5～1 kg。

（2）育苗移栽。春播在2～3月，夏播、秋播什么时间都可以。播前种子处理同直播法。播种时，在畦面上按10～13 cm行距开浅沟，沟深1～1.5 cm，其他同直播。在育苗的当年秋冬季茎叶枯萎后至第二年春季萌芽前均可进行

移栽。栽前将种根挖起，按大、中、小分级，分别栽植。栽时，在畦面上按行距15～20 cm、株距5～7 cm开横沟栽植，将主根垂直栽入沟内。栽后，盖土压实，使根系舒展，最后覆土稍高于根头上端。每亩基本苗应保证有5万～5.5万株。

• 田间管理

（1）中耕除草。一年要除草4次。第一次在出苗后进行，第二次在幼苗有2～4片叶时进行。此时最好选阴天用手拔草，以防止拔草时把幼苗根际土壤带松而晒死。第三次在幼苗有4～6片叶时进行。第四次在入伏后，苗有8～10片时进行。第二年除草2～3次。

（2）追肥。苗期需追施稀薄人粪尿1～2次，每次每亩用量为1 500～2 000 kg或尿素10 kg。6月下旬施用花肥，以磷、钾肥为主，每亩施用人畜粪水2 000 kg、过磷酸钙25～30 kg。直播苗当年入冬后、移栽苗定植后要重施越冬肥，结合施肥进行培土。第二年入夏后适当控制氮肥用量，配合追施磷、钾肥，可使茎秆粗壮、防止倒伏。

（3）排水。夏季高温多雨季节应及时做好清沟排水工作，防止积水烂根，导致减产。

（4）摘芽。为了促进桔梗主根生长，必须摘芽，每株只留主芽1～2个，其余全部摘除，否则叉根多、质量差、产量低。

（5）疏花疏果。在盛花期喷洒40%乙烯利1 000倍液，疏花疏果效果显著，可达到增产目的。

• 病虫害防治

（1）病害主要是根尖线虫病，可在播种前15～20 d，通过土壤消毒处理（每亩用滴滴混剂工业品原液30 kg，或威百亩30%水剂3～4 kg，加水50～70 kg稀释，开沟施药，沟深20 cm左右，淋浇后随即覆土压实）或与水稻进行1～2年期轮作等方法防治。

另外还有紫纹羽病和炭疽病等，可按常规方法进行防治。

（2）虫害主要是小地老虎和红蜘蛛，前者三龄前每亩用20％杀灭菊酯乳剂800倍液，或90％晶体敌百虫800倍液喷雾杀灭。三龄后用晶体敌百虫400～500倍液喷洒在鲜草上作毒饵诱杀。后者用40％乐果乳油1 000～1 500倍液防治。

采收加工

播种后2～3年收获。1年后收获不仅产量低，而且其有效成分总皂苷含量也低（一年生含总皂苷2.9%，二年生含3.4%）。一般在秋季采挖，以9月下旬至10月上、中旬为宜。先将地上茎叶割去，挖取后去净泥土，用碗片或竹刀趁鲜刮去外皮并削去较小侧根及须根和芦头，晒干即成。

每亩[①]可产干品300～400 kg，高产者达600 kg。商品以条肥大、色白、体实、味苦、无虫蛀者为佳。一般以竹篓、芦席包装，置于干燥通风处贮藏，防受潮、虫蛀。

5. 丹参

（*Salvia miltiorrhiza* Bunge）

丹参　别名紫丹参，红根，大红袍，野苏子根，四方梗（浙江），紫丹根（广东），赤参（江西），活血根（江苏）。为唇形科鼠尾草属植物。主产四川、河南、山东、陕西，全国大部分地区都有分布，也有栽培。

① 1亩=1 / 15 hm^2≈666.7 m^2。

生物学特性

• 生长发育

丹参在河南一般3月出苗返青。从出苗到现蕾为发棵期，从现蕾到茎叶不再生长为根旺盛生长期，之后进入根生长后期，根的大小基本稳定，但重量仍在增加。花期4～6月，果熟期7～8月。霜冻后地上部分枯萎。

• 生态习性

丹参适应性强，喜气候温暖、湿润、阳光充足的环境。为深根植物，对土壤要求不严，但以疏松、肥沃的沙质壤土生长较好。中性、微碱性的土壤最适宜种植。排水不良，易烂根。

栽培技术

• 选地整地

丹参为深根植物，应选择气候温和、阳光充足、空气湿润、土层深厚肥沃、土质疏松、排水良好、富含腐殖质的沙质壤土为宜。沙土、黏性土壤均不宜种植丹参。丹参喜欢生茬地，前茬选择玉米、高粱、大豆、小麦为宜。地选好后，于播前每亩施入腐熟厩肥1 500～2 000 kg、油饼50 kg、过磷酸钙30～50 kg做基肥（最好将三者混合堆沤后施入），深耕30 cm，耙细整平，拣净草根、石块。做高畦。

• 繁殖方法

（1）种子繁殖。一般采用育苗移栽法，也可采用直播。育苗移栽，北方于3月下旬条播，按行距8～15 cm横向开沟，沟深约1 cm，将种子均匀撒入沟内，覆一层薄土，稍加镇压后浇水。苗高5～10 cm时，按行株距30 cm×20 cm移栽于大田。南方于6月采收种子后，立即播种。10月移植于大田。移栽密度以每亩8 000株为宜，中等地为9 000株，较贫瘠土地为10 000株为宜。直播每穴种子5～10粒。出苗后间苗、定苗和补苗。每亩播种子1 kg。

（2）分根繁殖。选直径1 cm左右，粗壮充实，色鲜红而无腐烂迹象的1年生侧根，栽种时随挖随栽。南方在2～3月，北方在3～4月，将选好的根条剪成5 cm长的根段，按株行距25 cm×30 cm挖穴，穴内放1～2枚小根段，之后覆土，每亩用种根25～40 kg。我国南方多数省区采用此法。

（3）扦插繁殖。北方6～7月、南方4～5月取地上茎，剪成长10～15 cm，下部叶片除去，上部留1/2，按株行距5 cm×10 cm，插条斜插入苗床2/3，浇水保湿，遮阴，待根长至3 cm时可移栽。

• 田间管理

（1）中耕除草。一般松土除草3次，第一次在苗高5 cm时进行，第二次在6月，第三次在8月。用分根法栽种时，结合松土使苗易长出土面。

（2）追肥。结合中耕除草追肥2～3次。第一次以氮肥为主；以后可用腐熟粪肥，配合过磷酸钙、硝酸钾各15 kg；最后一次在8月上旬，可以多施些，以促进根部生长。

（3）摘花。摘花是丹参增产的重要措施之一。除留种地外分批将花薹剪除，控制生殖生长，以利根部生长。

（4）排水。丹参种植密度高，夏季高温多雨季节应及时做好清沟排水工作，防止积水烂根，导致减产。

• 病虫害防治

丹参根腐病危害根部，使地下根条发黑腐烂，地上茎叶枯萎死亡。发病初期用50％多菌灵1 000倍液浇灌；与禾本科植物轮作。棉铃虫以幼虫为害蕾、花、果，引起花蕾脱落，影响种子质量，从现蕾期开始喷50％辛硫磷乳油1 500倍液或50％西维因600倍液防治。

采收加工

11月上旬至第二年萌芽前，均可采收。将根挖起，除去泥土、根须，晒干。根采回后，晒至5～6成干，把一株株的根捏拢，再晒8～9成干又捏一次，把须根全部捏断，晒干即成。一般每亩可产干品300～350 kg。

6. 柴胡
(*Bupleurum chinense* DC.)

柴胡 为伞形科多年生草本，以根入药，为大宗常用中药材。主产东北、华北、内蒙古、河南及陕西、甘肃等省（区）。多为野生，河南各地亦有较大面积人工栽培。

生物学特性

• 生长发育

刚收获的柴胡种子胚未发育成熟，尚处于休眠状态，需经后熟过程。据报道，新收种子胚的体积占胚腔的5.10%，5个月后长到16.69%。在土中层积贮藏种子能加速胚的发育，促进后熟；层积5个月，发芽率可达 69.1%，发芽所需时间平均只有15 d。种子不耐贮藏，收后应第二年春播种，不能隔年再用。

• 生态习性

柴胡常野生于海拔1 500 m以下山区、丘陵的荒坡、草丛、路边、林缘和林中隙地。其适应性较强，喜稍冷凉而湿润的气候，耐寒耐旱，忌高温和涝洼积水。

栽培技术

• 选地整地

一般用非耕地栽培，以疏松肥沃、排水良好的夹沙土或沙壤土较好。整地时最好施入基肥，深翻后耙细整平，做宽约1.3 m的畦；坡地可只开排水沟，不做畦。

• 繁殖方法

一般用种子繁殖。春播4月中上旬，冬播11月至12月上旬，也可以接麦茬

6月播种。直播法，条播行距30 cm左右。用木棒开沟，沟深1.5 cm。种子拌火灰均匀撒入沟内，覆土1.5 cm，轻轻镇压。有条件的可覆盖地膜。播前土壤底墒要足，播后保持湿润。每亩用种量0.5～1 kg。

• **田间管理**

（1）间苗、补苗。播种后如遇天旱，应喷水保湿。半月后陆续出苗。苗高约10 cm时间苗、补苗，每隔5～7 cm留苗1株，缺苗处带土移栽补齐。

（2）中耕除草。出苗后中耕除草不宜太深，随着药苗长高，中耕逐渐加深。苗期在除草的同时，施1次清淡水肥。6～7月柴胡旺盛生长期，配合中耕除草，适当施肥浇水。第二年春季和夏季施两次肥。雨季注意排涝。非种子田，生长期发现花蕾及时摘除，可以成倍增加药材产量。二年生植株可在7月中旬割掉地上茎叶，可以保证药材质量，提高产量。

• **病虫害及其防治**

（1）锈病为害茎叶。防治方法：清园，处理病残株；发病初期用25%粉锈宁可湿性粉剂1 000倍液喷雾防治。

（2）斑枯病为害叶部，产生直径3～5 mm圆形暗褐色病斑，中央带灰色。叶两面产生分生孢子器。防治方法：清园，处理病残体；轮作；发病初期用1：1：120波尔多液或50%退菌特可湿性粉剂1 000倍液喷雾防治。

（3）根腐病。高温多雨季节易发病。防治方法：忌连作，最好与禾本科作物轮作；注意开沟排水；发现病株及早拔除并烧毁。

采收加工

柴胡生长1年或2年均可收获，一年生质量好，每亩干品50～90 kg，二年生产量高，二年生每亩干品130～180 kg。一般第二年秋天收获。割去地上茎叶，挖出根，抖净或洗净泥土，把根部晒干即成，折干率30%左右。用全草可在播种当年秋季和第二年收根时割茎，晒干即成。

7. 板蓝根

(*Isatis indigotica* Forf.)

板蓝根 别名大蓝根，大青根。为十字花科菘蓝属二年生草本。为栽培种。我国东北、华北、西北地区以及安徽、河南、江苏等地有栽培。

生物学特性

• 生长发育

板蓝根为越年生长日照植物，秋季播种出苗后，是营养生长阶段，露地越冬经过春化阶段，于翌年春抽茎、开花、结实而枯死，完成整个生长周期。花期4～5月，果期5～6月。

• 生态习性

喜温暖向阳环境，对土壤要求不严。抗旱，耐寒，忌积水。

栽培技术

• 选地整地

选土层深厚、疏松肥沃、排水良好的沙质壤土。忌低洼地与黏重土壤种植。深翻30 cm以上。结合翻地前施基肥每亩3 000～4 000 kg，过磷酸钙50 kg，整平耙细，起50～60 cm小垄或做畦宽1.2 m、高15 cm，常因地制宜，待播种。

• 繁殖方法

用种子直播，春播在4月中、下旬。常用宽行条播，播前种子进行温汤浸种催芽，也可以浸种24 h，晾干播种，先在畦面上按行距20～25 cm，开1.5 cm左右深的浅沟，将种子均匀撒入沟内，覆土1 cm，稍加镇压。每亩播种量1.5～2 kg。如垄种可宽苗眼条播，播幅10 cm。播量同畦种。出苗后留捌子苗；如气温达18～20 ℃，土壤湿度适宜，5～6 d即可出苗。也可与玉米等大田作物进行粮药间作，合理利用土地，达到通风、透光、增产的目的。

• **田间管理**

（1）中耕除草。在苗高5～6 cm时进行第一次中耕除草，垄种者要进行三铲三趟，做到田间无杂草。

（2）间苗、定苗。结合中耕除草，在苗高5～6 cm时按株距4～6 cm间苗，当苗高10 cm左右，按株距8～10 cm定苗。

（3）追肥。定苗后结合中耕除草，追施厩肥每亩1 500 kg，前期为促使叶的生长，可施氮肥硝酸铵或尿素每亩施7.5～10 kg。以利多次收叶，后期追施厩肥1 000 kg，再混合过磷酸钙15 kg，以利根系的生长。

（4）灌排水。如遇春旱，应及时浇透水，否则幼苗生长不良或死亡。7、8月雨季及时排除田间积水，防止烂根。

• **病虫害防治**

（1）病害主要是霜霉病和菌核病。

霜霉病发病初期，叶片产生黄白色病斑，叶背出现浓霜样的霉斑。随着病情的发展，叶色变黄，最后呈褐色干枯，植株枯死。7～8月雨季发病严重。防治方法：①清洁田园，处理病株；②轮作；③选排水良好的土地种植，雨季及时排水；④发病前和发病初期用65％代森锌可湿性粉剂500倍液或50％退菌特1 000倍液或40％乙磷铝200～300倍液喷雾防治。隔7 d喷1次，连续喷2～3次。

菌核病为害全株。基部叶片首先发病，然后向上为害茎、叶、果实。发病初期呈水渍状，后为青褐色，最后腐烂死亡。5～6月多雨高温发病严重。茎秆受害后，布满白色菌丝，皮层软腐，茎中空，内有黑色鼠粪状菌核，根也随之软腐。整株变白倒伏枯死。防治方法：①轮作；②增施磷肥及钾肥；③开沟排水，降低田间湿度；④及时拔除病株，并用5%石灰乳消毒病穴，播前用70%五氯硝基苯1 kg进行土壤消毒。

（2）虫害有菜粉蝶、小菜蛾、蚜虫等。

菜粉蝶和小菜蛾可在收根后将地上部集中烧毁或深埋；或者在幼龄期喷80%敌百虫800倍液，或用青虫菌粉500倍液喷雾进行防治。

蚜虫需在若虫期喷40%乐果乳剂1 000倍液进行防治。

采收加工

春播地上部生长正常，每年可收割大青叶2～3次，第一次在6月中旬，质量最好。第二次在8月中旬，可割植株外层的叶片，留心叶。不要全割，或离地面5 cm处全割。

挖根时应在晴天进行，深挖，否则易弄断主根，减少产量。挖取的根，去净泥土、芦头和残叶，晒至7～8成干，扎成小捆，可晒全干，打包或装袋贮藏。大青叶的加工，通常晒干包装即成。

板蓝根亩产干品300 kg左右。折干率30%左右。以身干、根条粗壮均匀、条长整齐、色白、粉性足者为佳。大青叶亩产干叶200 kg左右，折干率15%～20%。以叶大、少破碎、干净、色墨绿、无霉变者为佳。

8. 党参

（*Godonopsis pilosula*（Franch.）Nannf.）

党参 为桔梗科多年生草质藤本，以根入药。分布于黑龙江、吉林、辽宁、河南、山西、陕西、内蒙古、甘肃、青海、四川、湖北、贵州等省（区）。

生物学特性

• 生长发育

4月初发苗，苗期应适当遮阴，5月中旬进入生长旺季，需全日照。7月上中旬开花，果熟9～10月。霜冻后地上部分枯萎，地下部分可在田间越冬。肉质根第二年生长迅速。党参忌连作，连作易发生病虫害。

• **生态习性**

党参性喜凉爽的气候，自然生长于海拔1 300～1 600 m的亚高山地区。对光照要求严格，幼苗喜阴，成苗后喜阳。

栽培技术

• **选地整地**

育苗地宜选半阴半阳坡，土质疏松肥沃，腐殖质多，排水良好的沙质壤土，距水源较近的地方，翻耕、耙细、整平做成平畦或高畦。定植地地形要求向阳。结合施基肥深耕25～30 cm，耙细、整平，做成约120 cm宽的畦。山坡地种植多不做畦，顺坡面整平即可。

• **繁殖方法**

用种子繁殖，常采用育苗移栽，少用直播。

（1）育苗。选择2～3年生、无病虫害的党参，用当年所结的种子在白露前后播种。发芽率可达85%，还可把当年收的种子翌年春夏两个季节再行播种，但发芽率较低。为使种子提早发芽，可提前5～6 d催芽，待种裂口后播种。育苗地选肥沃、背阴地块，深翻整平耙细，做阳畦，浇透水，然后将新鲜种子均匀撒在苗床上，上面撒一层细沙土；上覆草帘子，要经常喷水，保持苗床土壤湿润。党参育苗时不追肥以防徒长。待出苗后去掉覆盖物，苗6 cm时间苗，株距3 cm左右，及时拔草。

（2）起苗。晚秋将苗挖出，不要伤苗断根，除去弱带病虫害苗，在地冻前做坑埋处理，适时浇水。

（3）移栽。秋季移苗可提高出苗率，在整好的地上按行距25～30 cm、深5 cm左右开沟，再按株距10 cm顺沟将苗斜摆沟内，覆土5 cm，每亩用种根约25～30 kg。

（4）间作。可同玉米间作，当玉米出土后，将党参种子撒播地内，当玉

米长至30～40 cm时，党参苗开始出土，能起防晒荫蔽作用。

• **田间管理**

（1）中耕除草及施肥。直播或移栽后的党参，在苗高6～9 cm时进行第一次锄草，苗高15～18 cm时，结合间苗（株距4.5 cm）进行第二次锄草。同时追施人粪尿与适量磷肥。党参生长期不宜水分过量，一般不太旱时，不用多浇水。

（2）搭架。党参蔓茎长约3 m、蔓高30 cm时在行间插入竹竿或树枝，将蔓茎缠绕其上，茎蔓过稠的地方，可适当疏枝。以利通风透光。

（3）采种。选择2～3年，健壮、无病虫害的党参植株，于9～10月果实由绿变为黄白色，里面种子变成黄褐色时，将地上茎割下并晒干，将种子过筛去杂，存种于纱布袋内通风处保存。

• **病虫害防治**

（1）锈病秋季发病较重。防治方法：党参苗枯后，及时清园，烧毁病枯残叶；发病初期喷洒50％二硝散200倍液，7～10 d 1次，连续2～5次。

（2）根腐病。低洼地及多雨季容易发病。防治方法：与禾本科植物轮作；注意排水；整地时每亩1 kg 50％多菌灵可湿性粉剂处理土壤，发病初期用50％多菌灵可湿性粉剂500倍液浇灌病区。

（3）霜霉病。叶面生有不规则褐色病斑，叶背有灰色霉状物。防治方法：清除病株枯叶，集中烧毁，发病期及时喷70％百菌清可湿性粉剂1 000倍液。

采收加工

一般于移栽2年后，挖出参根，抖去泥土，勿碰掉皮，按粗细大小分别晾晒至柔软状，用手顺握或木板揉搓后再晒，反复3～4次至干。以参条粗大，皮肉紧，质柔润、味甜者为佳。折干率约为2∶1，每亩产干品250～400 kg，丰产可达500 kg（老条直径在13 mm以上，大条直径在10 mm以上，中条直径在7 mm以上，小条直径在5 mm以上）。

9. 何首乌
（*Polygonum multiflorum* Thunb.）

何首乌 别名首乌、赤首乌。为蓼科蓼属多年生缠绕草本。主产河南、湖北、广西、广东、贵州、四川等地。多为野生，亦有栽培。

生物学特性

• 生长发育

春季播种或扦插的何首乌，当年均能开花结实。3月中旬播种的何首乌4～6月其地上茎藤迅速生长时，地下根亦逐渐膨大形成块根；而同期扦插的何首乌，当时只在节上长出的根中，有1～5条较粗的根。到第二年3～6月才能逐渐膨大形成块根。同时其地上部分长势的优劣与地下块根的多少或大小成正相关。

• 生态习性

何首乌野生于山坡石缝，灌木丛中或路旁半荫蔽的坎上。其适应性较强，喜温暖潮湿气候，各种类型土壤均能生长，忌积水。

栽培技术

• 选地整地

林地、山坡、土坎及房前屋后均可种植。选排水良好，较疏松、肥沃的土壤或沙质壤土栽培为好。整地时施入基肥，深翻30～35 cm，耙细整平，做高畦。畦面积大小。根据地势而定。一般做宽约130 cm的高畦。

• 繁殖方法

（1）有性繁殖

①直播。3月上旬至4月上旬播种，条播行距30～35 cm，施人畜粪水后将种子匀播沟中，盖土3 cm，苗高5 cm时，按株距30 cm左右间苗。

②育苗移栽。此法较费工，且直播产量比育苗移栽高2倍以上。

（2）扦插繁殖。3月上旬至4月上旬选生长旺盛、健壮无病植株的茎藤，剪成长25 cm左右的插条。每根条应有2～3个节，行距30～35 cm，株距30 cm，穴深20 cm。每穴放入2～3根条，不能倒插，覆土压紧，施肥水。

• 田间管理

（1）中耕除草。种子繁殖的幼苗生长慢，出苗后早春应勤除杂草，苗高30 cm以后生长加快。

（2）间苗。种子繁殖苗高10 cm时，对过密和弱苗间除；15 cm时，按株行距25～30 cm疏弱留强原则定苗。

（3）追肥。幼苗期间追肥一次清淡人畜粪水，5月追施人畜粪水1次，9月施杂肥和厩肥每亩1 000～1 500 kg，并在根际培土。

（4）搭架。苗高30 cm左右，应插竹竿或树枝，供茎藤缠绕向上生长，及时清除枯藤，以利通风透光。

• 病虫害及其防治

何首乌主要发生叶斑病，多在夏季发生，发病初期可喷1∶1∶120波尔多液或3%井冈霉素50 mg／L，每周喷1次，连续喷2～3次。

采收加工

种植3～4年即可收获，秋季落叶后或早春萌发前采挖。除去茎藤，将根挖出，洗净泥土，大的切成2 cm左右的厚片，小的不切，晒干或烘干即成。每亩地可产鲜首乌800 kg左右，亩产干品200～250 kg，折干率25%左右。

附：夜交藤（首乌藤）为首乌茎藤，栽后第二年起秋季割下茎藤，除去细枝和残叶，晒干即成夜交藤。

10. 白芷
（*Angelica dahurica*
（Fisch. ex Hoffm.）Benth. et Hook. f.）

白芷　别名禹白芷、祁白芷，为伞形科藁本属多年生高大草本植物，主产河南、河北、山西、内蒙古及东北。我国东北、华北等地有栽培。

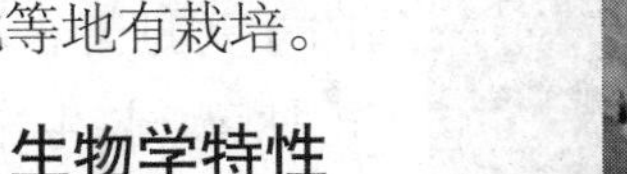

生物学特性

• 生长发育

白芷第一年秋季播种，第二年为营养生长期，至植株枯萎时可收根，第三年6～7月抽薹开花，7～9月果实成熟。生产上第二年提前抽薹开花的植株达20%，严重影响产量和品质。栽培上应防止提前抽薹。

• 生态习性

喜光、喜温暖、喜温润，怕干旱、怕高温，耐寒，幼苗能耐-7 ℃低温；适宜生长温度15～28 ℃，在24～28 ℃时茎叶生长最快，30 ℃以上高温则生长不良。

栽培技术

• 选地整地

白芷是深根植物，应选择土层深厚、土质疏松肥沃、排水性好的夹沙土或冲积土种植。每亩施厩肥或堆肥1 000～1 500 kg作底肥，深翻30 cm以上。晒白后 再翻耕1次，整平耙细后做畦，畦宽1～2 m，高20 cm，沟宽30 cm。播

种前须浇透水1次。

• **繁殖方法**

用种子繁殖。春播4月初，在整好的地上，按行距30 cm左右开沟，沟深6～9 cm，将种子均匀地撒进去，覆土后稍压实。每亩用种量1 kg左右。播种后20 d即可出苗。秋播于8～9月，将新收的种子簸净，按行距30 cm，沟深6～9 cm开沟，然后覆土压实。播后15 d左右即可出苗。秋播比春播产量高、质量好，故生产上一般都用秋播。

• **田间管理**

（1）间苗除草。春季幼苗高3～6 cm时，按株距8～10 cm间苗，使幼苗通风透光、生长健壮。当白芷生长至9～12 cm时，应结合除草，逐步去掉弱小苗，按株距24 cm左右定苗。间苗、定苗要求留中间苗，清除大的徒长苗和小的瘦弱苗，以防早抽薹或生长过差。幼苗期除草不宜过深，否则伤及主根，极易产生分叉根，影响质量。生长后期结合浇水还需锄地松土1次。

（2）施肥浇水。在生长前期需加强肥水管理，原则是“基肥为主，重施苗肥，追肥为辅”。整个生长期，都应保持土壤湿润，土壤板结易生侧根。生长后期应增施磷、钾肥，做到看苗施肥，好苗少施，差苗多施。在7～8月间，用0.2%的磷酸二氢钾进行根外追肥会使植物生长旺盛，提高产量。秋季播种后，若第二年春季干旱要及时浇水，以保证出苗生长。

（3）打顶去薹。6～7月白芷开始抽薹开花，为了减少养分消耗，除留种田外，要打掉全部花薹，使营养集中根部，提高产量。对少数生长特别旺盛，5月即抽薹开花的植株要尽早拔除，其所结种子也不能做种用。

• **病虫害及其防治**

（1）根腐病。发生于白芷收获后的干燥过程中，轻时腐烂率在16%左右，严重时达30%以上，甚至全部腐烂。在收挖、运输和加工过程中不破坏周皮，不等萎蔫就加工可防止该病造成的损失。

（2）斑枯病。被害叶片病斑灰白色，上生黑色小点，严重时叶片枯死。防治方法：清除病残枝叶，集中烧毁。

虫害主要有黄凤蝶、红蜘蛛等，按常规方法防治。

采收加工

春播于当年，秋播于次年处暑前后当茎叶开始枯黄时采收。过迟则根部重新发芽，消耗养分，影响质量和产量。采收要选择连续晴天进行，先将地上茎割掉，挖出根，去净叶柄、泥土及细根，于日光下晒干即可。忌夜露雨淋，否则易霉烂。

亩产干品300 kg左右，高产可达500 kg。以体坚硬，具粉性，有香气，外皮灰白干燥为佳。

11. 黄芪
（*Astragalus membranaceus* Bunge）

黄芪 别名绵芪、绵黄芪。为豆科黄芪属多年生草本。主产于山西、黑龙江、吉林、内蒙古，陕西、河北、宁夏、甘肃、西藏也有分布。有栽培。

生物学特性

• 生长发育

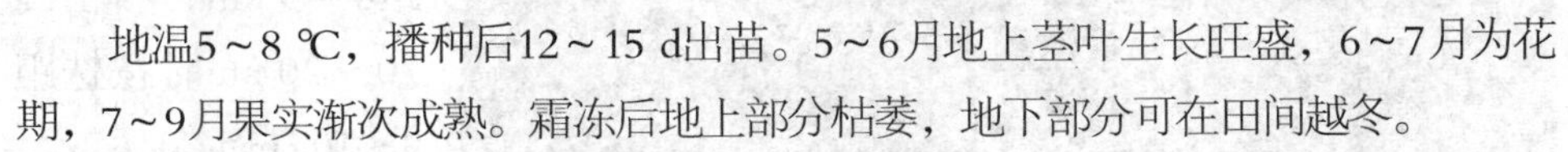

地温5～8 ℃，播种后12～15 d出苗。5～6月地上茎叶生长旺盛，6～7月为花期，7～9月果实渐次成熟。霜冻后地上部分枯萎，地下部分可在田间越冬。

• 生态习性

野生于草原干燥向阳的坡地、山坡及疏林下。宜寒凉干燥的气候。凡土层瘠薄、黏重板结、排水渗透力不强的土壤不宜栽种。耐旱，耐寒。忌涝、忌连作、怕高温。以土层深厚、富含腐殖质、透水力强的中性和微碱性沙质土壤为宜，黏土和重盐碱地不宜种植。

栽培技术

• 选地整地

黄芪是深根性药材，根长达1～1.5 m。因此，平地栽培应选地势高燥，排水良好，疏松肥沃的沙质壤土。山地应选肥沃的向阳山坡。播前深耕并施厩肥每亩2 500 kg，过磷酸钙25～30 kg，翻耕后，耙细整平作垄，垄距小垄60 cm，也可将3小垄合成一垄宽1.8 m。以秋翻秋整地秋起垄为好。

• 繁殖方法

常采用种子直播，也可以育苗移栽。

播种期分春播和秋播，春播在4月上、中旬，秋播于9月中、下旬播种。也可采用夏播于7～8月播。出苗齐，幼苗健壮。播种方法采用条播，开沟3 cm深，将种子拌等量细沙，均匀撒入沟内，覆土1～1.5 cm，稍加镇压。播量为每亩1～2 kg。播后保持土壤湿润。也可将三小垄合成宽1.8 m大垄，在垄上每40～50 cm开一沟播种，垄间可种两行玉米进行间种。

• 田间管理

（1）中耕除草。黄芪幼苗生长缓慢，出苗后往往草苗齐长。因此，苗高4～5 cm时，应及时中耕除草，常采用三铲三趟。苗高7～8 cm时进行第二次中耕除草，苗高10～12 cm时进行第三次中耕除草。先铲后趟，做到地无杂草，培土到苗的基部，防止倒伏。

（2）间苗与定苗。结合中耕除草，进行间苗，株距4～5 cm，当苗高10～20 cm时按株距9～10 cm定苗。

（3）追肥。第一、二年生长发育旺

盛，根部生长较快。每年结合中耕除草，可追肥1～2次，将肥施在垄边，每亩施厩肥1 000 kg，再加施磷及钾肥各15 kg，促进根系的生长。

（4）灌溉与排水。一般不灌溉，但播种后如遇干旱，应及时灌水，以促进种子萌发出苗。雨季湿度过大，根向下生长缓慢，并易烂根，应及时排除积水，以利于根部正常生长。

• 病虫害防治

（1）病害主要是紫纹羽病和白粉病等。紫纹羽病主要为害2年以上植株，发现病株及时拔除，并用5％石灰乳浇注病穴消毒；也可以每亩施石灰氮20～25 kg作基肥或每亩施70％五氯硝基苯1 kg进行土壤消毒。白粉病为害叶片，也可为害荚果。发病前或发病初期，可用50％托布津或50％多菌灵可湿性粉剂800～1 000倍液或用50％福美双可湿性粉剂500倍液喷雾，也可用波尔多液（1∶1∶120），每10 d喷一次，连续喷2～3次。

（2）虫害有豆荚螟、籽蜂、蚜虫等，豆荚螟蛀食种子，可采用深翻土地，实行轮作；幼虫蛀荚前喷洒80％敌百虫1 500～2 000倍液防治；或者蛀荚后可用40％乐果乳油1 000倍液，或50％辛硫磷乳油1 500倍喷雾防治，每7～10 d喷一次，连续喷数次，直到种子完全成熟。

防治籽蜂和蚜虫均可在发生期，尤其是青果期用40％乐果乳油1 000倍液喷雾防治。每隔3 d左右喷一次，连续2～3次。

采收加工

播种后第二年开花结籽，当果荚下垂黄熟，种子变棕褐色时即可采收。种子成熟期不一致，应边熟边摘，如果采收过迟，果荚开裂，种子散失。果荚采收后，晒干脱粒，去除杂质，贮藏备用。

黄芪播种后2～3年采收，秋季地上部黄萎后收获，挖时应深刨，防止挖断主根或损伤表皮。卧栽的可用开沟犁起收。

根挖出后，除去泥土，剪掉根茎、须根，放阳光下晾晒，待晒至七成干时，捆成小束，再晒至全干。干品放通风干燥处贮藏。栽培3年亩产干品150～200 kg。折干率30％～40％。质量以条粗、直长、绵软、皱纹少、断面色黄白、粉性足、味甘者为佳。

12. 天麻

(*Gastrodia elata* Blume)

天麻 别名赤箭、木浦、明天麻、定风草根、白龙皮。为兰科天麻属多年生寄生植物。分布于吉林、辽宁、河南、安徽、江西、湖北、湖南、陕西、甘肃、四川、云南、贵州、西藏等省（区）。现各地有栽培。

生物学特性

• 生长发育

天麻无根也无绿叶，一生中除抽茎、开花、结实的60～70 d在地上生长发育外，其余全部生长发育都在地表下进行。花期6～7月，果期7～8月。

• 生态习性

天麻喜冷凉、湿润、荫蔽度大的环境。多野生于海拔1 000 m以上的山地丛林中。它不能直接吸收营养，只能与蜜环菌共生。年均温10 ℃左右，年降水量在1 000 mm以上，生长适宜温度为20～25 ℃，适宜相对湿度75%～80%。土壤以富含腐殖质、疏松肥沃、排水良好、pH5.5～6.0的沙质壤土为宜。

栽培技术

• 选地整地

人工栽培天麻在高山区应选阳坡，在中山或低山区选半阴半阳山坡，在稀疏林间、竹林、二荒地、平地或在室内也可栽种。土壤以含腐殖质丰富、排水透气良好、含水量在14%～18%、经常保持湿润、pH为5.5～6.0的沙壤土为好。对整地要求不严，只要砍掉过密的杂树、竹子，把土表渣滓清除干净，不需要翻耕土地便可直接挖穴栽种。地下室和防空洞可砌池或备箱栽培。

• 培养菌材

天麻用种子和块茎都能繁殖。无论采用哪种方法，都要首先培育菌材，然后再栽培天麻。生产上用营养丰富的木段做基物使蜜环菌腐生在其上，然后栽麻，这种有蜜环菌腐生的木段称为菌材。取蜜环菌菌索、子实体、带有蜜环菌的天麻或新鲜的菌材，在无菌的条件下，进行常规消毒、冲洗，然后分离接种在固体培养基上，在20～25 ℃黑暗处培养，7 d后即得纯菌种，然后用78%阔叶树木屑，20%麦麸、1%蔗糖、1%硫酸钙或70%阔叶树木屑，约19%玉米芯粉、10%麦麸、1%蔗糖、0.01%磷酸二氢钾作培养料培养二级菌种。

菌材的培养在室外应在3～8月即地温在20 ℃左右进行。一般选2 ～3 cm粗的柞树枝和桦树枝，用砍刀截成长6～9 cm的小段，然后选粗7～15 cm的树干或树枝，截成长45～60 cm的木段作菌棒材，在菌棒上每隔10 cm砍一鱼鳞口，深达木质部。选用木材应随用随砍。接菌前将菌枝、菌棒浸在0.25%～1%的硝酸铵溶液中，待菌材浸湿后（24～30 h），按去浮水即可培菌。

菌棒培养的方法有坑培、半坑培、堆培、池培及箱培等。根据不同的环境及条件，选择适当的方式进行培育，其方法大致相同。

选排水、透气良好的沙壤土地。挖坑深33～50 cm，坑宽同木棒长度，长度依据地势及菌材数量而定。先将坑底挖松7～10 cm深，拌入适量（约占30%）腐殖质土，整平后铺放已整理好的木材。底部先铺一层新鲜木材，木段之间留3 cm空隙，用腐殖质土、半腐熟落叶、锯木屑和沙填好缝隙，要求实而不紧，木材上表面要露出。然后洒淋马铃薯汁水，湿透段木底部为度。第二层放菌种。在铺放第二层时，上下两层菌材要错开。如此铺放共五层，最上面一层盖新材。每层缝

隙都要用腐殖质土、半腐熟落叶、锯木屑和沙填充，同样淋透马铃薯汁水，以透底层为止。一般用6～10瓶可培养15～30 kg菌枝，或50～100 kg菌棒材。最后盖土10 cm厚（先盖腐殖质土，再盖原土），再用杂草覆盖。一般每个坑内放100～200段菌材。在18～24 ℃、基物含水量为50%的条件下，约需要两个月即可作菌材伴栽天麻。

• 栽种天麻

天麻生产上以块茎繁殖为主，种子繁殖为辅。

栽种时间分冬栽和春栽。以冬栽为最好。冬栽在10月下旬至11月，春栽在2月下旬至3月，高山地区最迟不能晚于4月。方法有菌床栽种法和活动菌材伴栽法，以菌床栽种法为好。其做法是：在已培养好的菌材坑内掀起或取出上层菌材，按原来次序暂放坑边，把下层棒间土稍扒开，不动下层棒，栽入种麻，填土至与棒平。一定要将麻种靠放在菌材菌索较密集的地方。麻间用半腐熟落叶、锯木屑、沙和腐殖质土填平。然后将上层菌材放回，这是单层栽麻。双层栽麻时放回上层菌材，菌材空隙照上法摆放麻种，麻种间用培养料（半腐熟落叶、锯木屑、沙和腐殖质土。半腐熟落叶于秋末收集阔叶树落叶，堆放于湿润处至第二年春天打碎，过粗筛后使用）填平后，上面再放一层菌材，菌材空隙仍用培养料填平，最后上面覆土10～15 cm厚，土上盖落叶。坑四周挖好排水沟。

• 田间管理

（1）拔草。播种后做到床面有草就拔，床间杂草可以铲除。

（2）浇水。栽麻后要注意经常浇水，保持床内菌材、培养料湿度适宜（含水量为50%～60%）。6～8月正值高温季节，也是天麻生长旺季，此期最怕干旱，因此要及时浇水，使土壤经常保持湿润。

（3）防涝。天麻虽然喜湿润，但怕积水。露地栽培时进入雨季前要挖好排水沟，严防雨水渗入床内。9月下旬至10月，天麻生长停滞，抗逆能力差，土壤水分多时，也应注意排水涝。

（4）调节床内温度。天麻、蜜环菌在18～23 ℃生长比较快，低于10 ℃或高于28 ℃则生长缓慢。因此，在生育期短、温度低的地方，可采用扣塑料棚或覆盖地膜，以提高床内温度，使之恒定保持在18～23 ℃，使天麻、蜜环菌尽可能在最适宜的温度下生长发育。

（5）防冻。新栽的天麻容易受冻，初冬突然降温或早春遇到寒流，都会使天麻遭受冻害。块茎受冻后变紫红色，解冻后变成白浆状。故应注意防寒，加厚盖土和树叶以保暖。

• 病虫害防治

（1）病害主要是细菌感染，在培养菌材和栽培过程中都会发生。防治方法：选择排水良好的地块种植；菌种、菌材均无杂菌感染；培养菌枝和菌床时多放菌种，加大接种量，促进蜜环菌生长；培养料中加入树叶，增加通透性；菌材间隙用腐殖质土等填实。

（2）虫害是山白蚁，危害菌材和天麻，发生严重时可把菌材、天麻吃光。防治方法：栽种前，在栽麻坑附近挖几个较深的诱集坑，坑内放置新鲜松木、松针等，用石板盖好，发现白蚁来取食，用灭蚁灵粉剂喷杀；在白蚁活动地点，喷洒敌百虫溶液进行防治。

采收加工

冬季栽种的于第二年冬季或第三年早春采收，春季栽种的于当年冬季或第二年早春采收。采收时，要小心地将表土扒去，揭开菌材，取出天麻块茎，放入筐中，不要有所损伤。

采收后应及时加工，不宜留存，否则，块茎因呼吸作用消耗养分，容易霉烂，加工后块茎质地松泡，商品等级低。其步骤是：①洗刷刮鳞。用糠谷或稻草加水少许，反复搓去块茎上的鳞片、粗皮和污迹，再用水洗净。②蒸制或煮制。将洗后天麻按大小分级蒸制或煮制，蒸制法较好。大天麻（150 g以上），上锅圆气后蒸30 min左右，中天麻（100～150 g）蒸15～20 min，小天麻（70～100 g）蒸12 min左右，蒸至块茎无生心为度。③晒干或晾干。因晒干需要较长的时间，一般采用烘干法。烘时温度开始控制在70～80 ℃，2～3 h后降至50～60 ℃。为达到干燥均匀，要经常翻动，大的用竹针穿刺，以利内部水分外渗，半干后麻体变软，压之即扁，要停火“发汗”，待麻体回潮，再用50～60 ℃温度烘至全干。商品以个大，肉肥厚，色黄白，质坚实沉重，断面明亮有光泽，一端有干枯芽孢（俗称“鹦哥嘴”），无虫霉蛀，无空心者为佳。本品用麻袋、麋包或木箱包装。天麻因含较多的黏液质易吸潮，发生霉变，故需置干燥通风处储藏。

13. 艾

(*Artemisia argyi* lévl.et vant.)

艾 别名艾草、艾蒿等。为菊科多年生草本。主产于湖北、河南等省，我国的东北、华北、华东、华南、西南以及陕西和甘肃等均有分布。

生物学特性

・生长发育

3月初在地下越冬的根茎开始萌发，4~5月地上茎叶生长旺盛，茎从中部以上有分枝，茎下部叶在开花时枯萎。霜冻后地上部分枯萎，地下部分可在田间越冬。

• 生态习性

艾适应性强，普遍生长于路旁荒野、草地。只要是向阳而排水顺畅的地方都生长，但以湿润肥沃的土壤生长较好。

栽培技术

• 选地整地

艾适应性强，在荒坡、田边、地头等地均可种植，以丘陵地区最为适宜。生长要求日照充足、通风良好、排水通畅的地块，以沙质壤土为佳。秋末或早春，翻耕土地，耕深25 cm以上，耙平耙碎，亩施腐熟农家肥2 000~4 000 kg（施有机肥，艾味浓郁，挥发油含量高）。平地或较黏的土壤种植，栽种前打畦，畦宽150 cm左右，畦沟深30 cm左右，畦面中间高、两边低似“龟背”形，以免积水。

• 繁殖方法

（1）根茎繁殖。生产上以根茎繁殖为主。根茎繁殖最好在10月底至11月进行，也可在早春（土壤解冻后），芽苞萌动前，挖取多年生地下根状茎，将全根挖出，选取嫩的根状茎，截成10～12 cm长的节段，晾半天，栽时按行距40～50 cm开沟，把根状茎按20 cm左右的株距平放于沟内，再覆土镇压，栽后应及时浇水，出苗后要注意及时松土除草和追肥。有条件的地方，栽种前要浇一次透水。根状茎繁殖成活率高，但苗期较长（约1个月）。

（2）分株繁殖。分株繁殖成活率高且无幼苗生长期，生长速度快。早春苗高5～10 cm时，从母株茎基分离出带根幼苗或鲜活的裸根及时栽种。

（3）种子繁殖。于早春播种，可直播或育苗移栽，直播行距40～50 cm，播种覆土以盖着种子为度，约0.5 cm，太厚种子出苗难。出苗后注意松土除草和间苗，苗高10～15 cm时，按株距20～30 cm定苗。种子小，千粒重仅0.12 g，寿命短，过夏就丧失发芽力。留种应以2～3年生植株为好，10～11月果实成熟时收获。

栽种艾每3～4年翻蔸一次。去掉老根，防止品种退化。

• 田间管理

（1）中耕除草。4月下旬，中耕除草各一次，要求中耕均匀，适当深锄，深度约15 cm。采收后翻晒土地，清除残枝落叶，疏除过密的茎基和宿根。

（2）追肥。栽植成活当年，当苗高20～30 cm时（具体时间依长势而定），亩施5～6 kg尿素作提苗肥，阴雨天撒施。每采收一茬后都要追肥，追肥以腐熟的有机肥为主，适当配以磷钾肥。

（3）排灌水。干旱季节，要及时浇水，有灌溉条件的地方可以节水喷灌。雨后注意排水。

• 病虫害防治

每次收获后要将残枝落叶清除干净，进行集中深埋等处理。采收后艾未出芽前，地表喷洒适量敌百虫、多菌灵或甲基托布津等无公害药物，防治病虫害。

采收加工

夏季采收在端午节前后一

周，晴天选艾叶生长旺盛，茎秆直立未萌发侧枝，未开花的艾整株割取采收（艾花期10月，果期在11月）。在脱取艾叶前，人工清除附着在植株上的藤蔓及其他植物落叶等杂质，自然失水干枯的艾叶同时去除，然后集中用流水冲洗附着在茎秆枝叶上的泥沙，洗净后在晾架上摊开晾干，再脱取艾叶。艾叶应置于室内通风干燥处摊晾。摊晾叶片时1～2 d要翻动一次，以免沤黄，先期勤翻，待晾至七成干时可3 d翻一次，八九成干时可一周翻动一次。待叶片含水量小于14%时，即为全干。一般全年亩产艾叶干品500 kg。商品以质柔软、香气浓者为佳。如作为提取艾精油的原料，不需脱叶干燥，用鲜艾叶带茎秆提油更佳。

14. 黄芩

（*Scutellaria baicalensis* Georgi）

黄芩　别名山茶根、黄芩茶、土金茶根。为唇形科黄芩属多年生草本。分布于长江以北大部分地区、西北和西南地区。生于山坡草地。有栽培。

生物学特性

• 生长发育

温度15～18 ℃，栽种后15 d左右出苗。6～9月为开花期，8～10月为果实成熟期，11月地上茎叶枯萎，地下部分越冬。

• 生态习性

野生于山地阳坡、草坡、路旁等处。喜温暖气候，耐寒，地下根可忍受−30 ℃低温，耐旱。对土壤要求不严，一般土壤可种植，排水不良的土地，不宜种植。怕涝，忌连作。

栽培技术

• 选地与整地

选阳光充足，土层深厚、排水良好、疏松肥沃的沙质壤土为宜。耕翻前，每亩施肥熟厩肥2 000～2 500 kg作基肥。深翻20～25 cm，耙细整平，起60 cm垄，最好是秋翻秋起垄。或做宽1～1.2 m、高10～15 cm、长10～20 m高畦待播种。

• 繁殖方法

用种子繁殖， 也可以采用分根繁殖。常采用种子直播与育苗移栽法。

（1）种子直播。于4月下旬至5月上旬在起好的垄上或做好的畦上，开浅沟条播，覆土1～2 cm，播前可用0.3%的高锰酸钾浸种12 h晾干后播种，可提高发芽率。亩播量0.5～1 kg。畦作条播行距为15～20 cm。播后注意浇水，保持畦面湿润，或加盖草苫保湿。

（2）育苗移栽。在做好的育苗畦上，于4月下旬播种，播前将种子用温水浸12 h，捞出晾干，或经高锰酸钾处理，立即播种。播前还要将畦浇透水，待水渗下后，将种子均匀撒于畦面。然后将粪土混匀后过筛，覆盖一薄层，厚约1 cm。为保持土壤湿润和提高温度，促使早出苗，可在畦面上盖草苫或加塑料薄膜，7～15 d便可出苗。播种量50 g/m^2。育苗的当年秋季，在起好的垄上开双沟，进行移栽。小行间距10 cm，按株距10～15 cm栽苗，覆土2 cm。栽后灌透水，确保成活。

• 田间管理

（1）松土除草。垄种或移栽的出苗后要进行三锄三趟。苗高5 cm时开始，每10 d一次，连续三次。

（2）间苗、定苗。直播的要在苗高5 cm时进行间苗，株距5～7 cm，苗高10 cm时进行定苗，株距10～15 cm。垄种的结合中耕除草进行。

（3）灌水与排水。播

后苗期旱时要经常浇水，以满足苗期生长的需要。后期雨季，雨水大要放水排涝，否则易烂根。

（4）追肥。苗期每亩追施过磷酸钙20 kg、磷酸铵10 kg，也可加施厩肥1 000 kg。

（5）摘蕾。除留种外，应在7～8月开花前摘除花蕾，可提高产量和质量。

• 病虫害防治

（1）病害主要为叶枯病，危害叶。从叶尖或叶缘向内延伸不规则黑褐色病斑，迅速自下而上蔓延，后致叶片枯死。高温多雨季节发病重。防治方法：冬季处理病残株，消灭越冬病原菌；或者发病初期用50％多菌灵1 000倍液，或发病前用1∶1∶120波尔多液喷雾，每7～10 d喷一次，连续喷2～3次。

（2）虫害主要为黄芩舞毒蛾。以幼虫在叶背作薄丝巢，虫体在丝巢内取食叶肉，仅留上表皮。防治方法：清园，处理枯枝落叶等残株；或者发生期用90％敌百虫或40％乐果乳油1 000倍液喷雾防治。

采收加工

种植2～3年秋季采收，叶枯后选择晴朗天气将根挖出，切忌断根，去掉茎、叶，抖落泥土，晒至半干，撞去外皮，晒干或烘干。也可切成饮片晒干或烘干。晒时避免太强的阳光，暴晒过度会引起发红。同时要防止被雨水淋湿。受雨淋后，黄芩根先发绿后变黑，影响质量。

亩产干品150 kg左右。折干率：2年生收为35％，3年生收为40％左右。质量以身干、条粗长、质坚实、色黄、无虫蛀孔洞、除净外皮、无空心者为佳。

15. 麦冬

（*Ophiopogon japonica* Ker.-Gawl）

麦冬 别名麦门冬。为百合科麦冬属植物大麦冬，多年生常绿草本。主产于浙江、四川，除东北、西北外，大部分地区都有分布。有栽培。

生物学特性

• 生长发育

生育期分叶丛生长期、发根期和块根形成期，各生育期有明显的重叠。叶丛生长期：麦冬4月栽种，7月开始分蘖，10月至第二年4月第二次分蘖。发根期：7月之前第一次，8～11月第二次发根并形成块根。块根形成期：一般从10月中旬开始形成，10月下旬至11月为块根膨大期。来年3～4月，块根迅速膨大。花期5～8月，果期7～9月。

• 生态习性

生于山坡草丛中或林下阴湿地；喜温暖湿润环境。土质以疏松、肥沃、排水良好的沙质壤土较好。生长前期需适当荫蔽，若强光直射，叶片发黄，生长发育受影响。能耐0 ℃低温，耐湿，耐肥。

栽培技术

• 选地整地

选疏松肥沃、排水良好的沙质壤土。酸碱度为中性或微碱性。低洼、土质黏重地块不宜栽培。前茬以豆科、禾本科作物及菜园地为好。翻耕前每亩施厩肥3 000 kg、过磷酸钙30 kg、饼肥50 kg。深翻土壤25 cm左右，整平耙细，栽种前再翻一次，耙细整平做宽1.2～1.5 m高畦或平畦。畦沟宽30～40 cm。

• 繁殖方法

用分株繁殖。每一母株可分种苗2～4株。

（1）种苗的选择和处理。在4月上旬麦冬收获时，选生长健壮、无病虫害的植株作种苗，剪去块根和须根，去掉老根茎和叶尖，以根茎断面呈现白色放射状花纹，上部叶片不开为度，根茎不宜留的过长。然后从茎基部掰开，使其分成单株，将苗子理齐，捆成小捆，以备栽种。处理的苗子应尽快栽种。

（2）栽种。4～5月麦冬收获时，随收随栽，栽种时，先按10～15 cm行距开沟，深5～6 cm。株距6～8 cm，栽苗2株，覆土5 cm左右，根舒展，苗摆正，并踏紧周围的土，浇透水。二、三年收获的株行距要适当加大。每亩需种苗700 kg左右。还可以每栽种6行麦冬，间种1行玉米，为麦冬遮阴。

• 田间管理

（1）中耕除草。麦冬植株矮小，所以应及时除草。麦冬扎根浅，中耕除草时宜浅松土，一般每半个月进行一次，做到田间无杂草。

（2）追肥。栽后一个月开始发新根，应早施发根肥。每亩追施人粪尿1 000 kg、过磷酸钙20 kg。7月再施人粪尿1 500 kg、过磷酸钙30 kg。第三次在9月每亩施人粪尿2 000 kg、氯化钾25 kg、饼肥50 kg、过磷酸钙30 kg。第四次在11月，每亩施人粪尿3 000 kg，草木灰200 kg，饼肥100 kg。有利保暖防冻和麦冬的生长。

（3）灌排水。麦冬喜阴湿，需水量大，特别是栽种后要浇足水，保持土壤湿润，促进早发根。7月高温季节，更要满足对水分的需求，如干旱及时灌水。如遇雨季，应及时排除田间积水。

• 病虫害防治

（1）主要病害有黑斑病、根尖线虫病等。黑斑病为害叶。防治方法：①选用健壮无病的种苗；②加强田间管理，及时排除田间积水；③栽前用65％代森锌可湿性粉剂600倍液或用1∶1∶120波尔多液浸种苗10 min；④大田发病可割除病叶，用1∶1∶100波尔多液喷雾防治。

根结线虫病为害根部。防治方法：①实行水旱轮作，避免与瓜类、丹参、颠茄、芋头等作物或中药轮作；②前茬选禾本科作物；③栽种前进行土壤消毒。

（2）虫害主要是非洲蝼蛄。以成虫及若虫咬断苗根。在土壤中掘土洞，被害处常呈麻丝状。一年发生一次。防治方法：①施用的粪肥要充分腐熟；②用灯火或黑光灯诱杀成虫；③用毒饵诱杀。

此外还有蛴螬、金针虫、地老虎等害虫为害。可按常规方法防治。

采收与加工

于栽后第二年或第三年4月采收。选晴天，用犁深翻或用铁耙依次掘起，拣出麦冬，剪去须根，装入箩筐内，置于流水中，洗净泥沙，运回加工。

将洗净的块根放在晒场上暴晒，晒干水汽后，用手搓一次再晒，晒后再搓，反复几次，直到去净须根，待晒干后即为商品。也可以暴晒几日，待须根变硬，放箩筐内闷2～3 d，然后再晒3～5 d，经常翻动，反复进行，块根达七成干时，剪去须根，晒至全干即为商品。如遇雨天，用40～50 ℃的火烘干，先烘24 h，拿下来回潮，再烘至全干。

产量为亩产150～200 kg。折干率25%～30%。质量以身干、无须根杂质，表面淡黄白色、肥大、质柔、气香、味甜、嚼之发黏者为佳。

16. 黄姜

(*Dioscorea zingberrensis* C.F.Wright)

黄姜　学名盾叶薯蓣。为薯蓣科薯蓣属多年生草质藤本植物，自然分布于鄂、豫、川、陕、云、贵等省。

生物学特性

•生长发育

4月上旬根状茎在栽植后，20～25 d即可萌发出芽。5月上旬种子播种后，在土壤温度20～25 ℃条件下，20～25 d发芽出苗。植株速生期在5～7月，10月下旬开始落叶。根状茎5～7月生长比较缓慢，7月下旬盛花期后，根状茎便进入速生期，一直延续到11月。根状茎栽植的黄姜，6月上旬到10月中旬开花结果。

• 生态习性

黄姜喜温，苗期怕渍，中后期具有一定的耐旱性，适应性较强，酸性土至弱碱性土上均能生长，但以排水良好、富含有机质、土层深厚、土质疏松、通透性能好的土壤为好。过于黏重的土壤排水通气性差，不利于根状茎的伸长与膨大，过沙的土壤，蓄水保肥能力差。

栽培技术

• 选地整地

黄姜耐寒、耐旱、怕涝，就高产栽培而言，要求选择土壤肥沃、质地疏松、排水良好的地块。最好选择旱地，秋末冬初应深翻20～30 m，每亩施厩肥2 000～3 000 kg，饼肥100 kg，磷肥50 kg，硫酸钾20 kg。栽种前再翻犁细耙一遍。荒坡地种植黄姜，最好修成水平或坡式梯田。

• 繁殖方法

（1）种子繁殖。

播种3月下旬至4月上旬种子用多菌灵750倍液浸种10 min，捞起晾干后拌细沙或肥土播种，行距30 cm左右，盖细土1～2 cm后再盖草保持湿度，25～30 d出苗。

（2）根状茎繁殖。

2～3月根茎萌芽前，选取1～2年生健康、芽苞多的根茎作繁殖材料。将根茎切成6～10 cm长小段，每段有1～2个芽苞，晾晒1～2 d，按垄距50 cm、株距15 cm栽植，覆土压实。10～15 d出苗。

• 田间管理

（1）中耕除草。苗高7～10 cm时第一次中耕除草，应浅一些；苗高20 cm时第二次中耕。一般进行三次，第三次中耕可结合培土。

（2）搭架。苗高10 cm以上，进行搭架。一般常搭八字架。每两行株旁各插一根竹竿，上面再架一根。每两行架成八字以利其茎蔓缠绕上升。

（3）追肥。苗期可追5～10 kg尿素，5～6月追10 kg左右复合肥。第二、三年植株生长迅速，须分次追肥，每次每亩施厩肥2 000 kg，加过磷酸钙15 kg。

（4）排灌水。应经常浇水，保持土壤湿润；雨季应及时排除积水。

• 病虫害防治

（1）病害主要有根腐病、炭疽病、疫病等。根腐病每亩用根腐灵50～75 g间隔5～7 d连喷三次。炭疽病每亩用70％甲基托布津100 g兑水50～60 kg，间隔5～7 d连喷三次。疫病每亩用雷多米尔100 g或70％甲基托布津100 g兑水50～60 kg，间隔5～7 d连喷三次。

（2）虫害主要有蛴螬、蝼蛄、金针虫等。播种时每亩用3％呋喃丹3～4 kg拌细土60～80 kg沟施预防。蛴螬是金龟子的幼虫，在5月中旬至6月中旬，采用频振杀虫灯诱杀金龟子，可有效防治蛴螬对黄姜的危害。

采收加工

黄姜一年四季均可起挖收获，一般在冬季（霜降后）地上茎叶枯萎，黄姜进入休眠期起挖最好，同时根据黄姜用途确定收获年限，作种姜的，一年生就起挖；作加工原料的，可以2～3年起挖。

（1）黄姜采收时间从11月下旬至12月中旬为最好，采挖应选晴天，待地爽干后进行，采挖时先彻底清除地上蔓、架，然后顺垄采挖。

（2）加工、采挖出的黄姜在地面上晾晒1～2 d，抖净泥土后装包运往加工厂。或稍晾后除去根毛，切成薄片，晒干或晾干，装袋出售。

亩产干品300 kg左右，折干率约30％。质量以条粗、色淡黄、质坚硬为佳。

17. 半夏

（*Pinellia ternate*（Thunb.）Breit.）

半夏 别名三叶半夏、麻芋子等。为天南星科半夏属多年生草本植物。主产于四川、湖北、浙江、安徽等省，河南各地有栽培。

生物学特性

• 生长发育

植株适宜的生长温度为15～25 ℃，最适生长温度为20～25 ℃，气温在26 ℃以上时发生倒苗，13 ℃以下时枯苗。每年10月上旬播种，来年9月上旬前后收获。花期5～7月，果期8～9月。

• 生态习性

原野生于田边、沟旁、灌木丛和山坡林下等处。喜温暖、湿润和荫蔽的环境，能耐寒。在壤土、黏壤、沙壤土或山坡地均可种植，黏重土不宜栽培，忌高温、干旱及强光照射。

栽培技术

• 选地整地

宜选土质疏松肥沃、有灌溉条件、排水良好的沙质壤土种植为宜。秋季封冻前冬耕一次，深20 cm左右。第二年化冻后，每亩施厩肥3 500 kg，加过磷酸钙30 kg，均匀撒施地面，浅耕一遍，整平耙细，做1～1.2 m宽的高畦或平畦，长视地形而宜。坡地宜选半阴半阳坡。前茬以豆茬和玉米茬为好。低洼、黏重、盐碱地不宜栽种。

• 繁殖方法

以块茎繁殖为主，也可用珠芽和种子繁殖。

秋季收获时，选当年生，直径1～1.5 cm块茎作种栽。挑无病虫害、生长健壮的种栽用湿沙贮藏于阴凉、通风处。翌年春季2～3月，当气温稳定上升到10 ℃时栽种。在整好的畦上顺畦开四条沟，沟距20～25 cm，宽10 cm，深5 cm。每沟栽双行，株距3～5 cm，交错将种茎栽入沟内。顶芽向上，覆土5 cm，耧平畦面。每亩用种栽120 kg左右。也可以横畦开沟栽种，方法同顺畦开沟栽种。半夏怕烈日照射，平地栽培多与玉米等作物间作。常在畦沟种两行玉米遮阴。

•田间管理

（1）中耕除草。苗出齐后应及时除草松土，宜勤锄浅锄，因半夏属须根系植物，根扎得浅而集中，所以松土一定要浅，避免伤根。做到田间无杂草。

（2）追肥。半夏喜肥，及时追肥培土是重要的增产措施。6月上旬，叶柄下部长出珠芽时每亩追施厩肥1 500 kg，尿素5 kg。结合中耕培土把行间的土培到半夏苗基部，以盖好珠芽为度。

（3）摘花薹。发现花薹，除留种外，应及时剪除，集中养分供给块茎生长，显著提高产量。

（4）灌排水。春季栽种后一般20 d即可出苗，如遇干旱应及时浇水，以保全苗。6月下旬，逐渐进入高温季节，浇水保持土壤湿润，可延迟地上部枯萎的时间，增加营养的积蓄。雨季及时排除田间积水，防止烂根。

•病虫害防治

（1）病害有根腐病、叶斑病、病毒病等。根腐病多发生在高温多雨季节，可在雨季及时排除田间积水；或高畦种植；发现病株及时拔除，并用5%的石灰乳消毒病穴；并注意及时防治地下害虫，以免伤口被杂菌侵染而烂根等。叶斑病一般6～7月发生，发病前期喷1∶1∶120波尔多液或65%代森锌500倍液；发病初期喷50%多菌灵1 000倍液防治。防治病毒病要彻底防治刺吸式口器蚜虫、螨类等害虫；或者选无病株留种。

（2）虫害主要是红天蛾，以幼虫为害叶，咬成缺刻、孔洞，甚至吃光叶片。可人工捕捉幼虫；或者在幼龄期用90%敌百虫800倍液喷雾防治。

采收加工

块茎和珠芽繁殖的半夏在当年或第二年采收，种子繁殖须第三、四年采收。9月下旬，叶片发黄，是半夏采收季节，过早采收产量低，过晚难以去皮。收刨时，因块茎较小，应细拣收净。将半夏按大、中、小分开。装筐运回，切忌暴晒，否则不易脱皮。

收后需加工的半夏放在屋内或麻袋内，用脚穿胶鞋去外皮。洗净、晒干即为生半夏。半夏收后要及时加工，否则去皮困难。

亩产干品150～250 kg。折干率25％～30％，质量以身干、个大、无粗皮、质坚实、粉性足、色洁白，无花、麻、油子者为佳。

18. 半枝莲

(*Scutellaria barbata* D. Don)

半枝莲 别名并头草、狭叶韩信草、牙刷草、四方马兰。为唇形科黄芩属一年生或多年生草本。主产于华北、华东、中南、西南等地。

生物学特性

• 生长发育

在河南一般3月底到4月初出苗返青，5月茎叶生长茂盛，5～10月为花期，6～11月为果实成熟期。霜冻后地上部分枯萎，地下部分越冬。

• 生态习性

常野生在田边、溪沟边或路旁潮湿处。喜温暖、湿润的环境，过于干燥生长不好。对土壤要求不严，一般土壤均可种植。

栽培技术

• 选地整地

选疏松肥沃、排水良好，富含腐殖质的沙质壤土为宜。育苗地应靠近住地和水源。移栽后，可选房前屋后、荒坡等闲散地块种植。在选好的地上，每亩施厩肥200 kg、饼肥复合肥50 kg，深耕25～30 cm，耙细整平，荒地要拣出杂草、石块、树桩等，栽种前再耕深一次。耙细整平，做宽1.2 m的高畦，畦沟宽30～45 cm，四周挖好排水沟。

• 繁殖方法

以种子直播或育苗移栽繁殖为主，亦可采用分株繁殖。

直播以10月上旬播种产量高，质量好。秋季在整好的畦面上，按行株距25～30 cm，开深3 cm左右的浅沟，将种子拌细肥土均匀撒入沟内，覆细土0.5～1 cm，稍加镇压，盖草保温保湿，约半个月即可出苗，揭去盖草。

育苗移栽于秋季10月上旬，在整好的苗床上按行株距10～15 cm开3～4 cm的浅沟，将种子拌腐殖质土或细肥土，均匀撒入沟内，覆细土0.5～1 cm，整平畦面盖草保湿。在温湿度适宜条件下，半个月即可出苗。第二年3～4月移栽。在整好的畦面上，按行株距30 cm×20 cm开穴移栽，穴深8～10 cm，每穴抓一把腐熟的厩肥与底土混匀，栽带土苗一株，苗摆正，覆土与畦平，压紧苗周土，浇透水后封穴。

分株繁殖常在春、秋进行，选健壮、无病虫害3～4年生植株，进行分株繁殖。将植株老根挖起，按蘖生株苗的多少，分成几丛，每丛有苗3～4株。然后在整好的畦上，按行株距30 cm×20 cm开穴，穴深8～10 cm，每穴抓一把腐熟的厩肥与底土拌匀，栽苗一丛，覆细土至苗原入土处，浇透水后封穴。

• 田间管理

（1）中耕除草。一般中耕除草在封行前进行3～4次。直播的在苗高5 cm时进行，移栽和分株繁殖在定植后一周进行。第一次中耕要浅，除草要净，以后逐渐加深，封行前要结合培土进行中耕，以防倒伏。

（2）间苗、补苗。直播的在苗高5 cm时进行，条播或穴播的均拔除弱苗或过密苗，株距5 cm。直播的结合第三次封行前的中耕进行定苗，株距15～20 cm。

（3）追肥。直播的结合中耕除草进行第一次追肥，每亩追施清淡人畜粪水1 500 kg。从第二年起，每年结合中耕除草进行追肥，每次每亩用人粪尿水200 kg，植株旺盛生长期，应适量增施，可加饼肥每亩50 kg。每次收获后也应追肥，以促进植株发出新苗。

（4）灌排水。苗期半枝莲根扎得浅，怕旱，应经常浇水，保持土壤湿润。旺盛生长期如遇干旱也应及时浇水，雨季应及时排除田间积水，防止罹病烂根。

采收加工

用种子繁殖和分株繁殖的，可在当年的9～10月收割一次。以后每年5、7、9月都可收获一次。采收时，选晴天，用镰刀离地面3 cm处割取全株，拣除杂草，捆成小把，晒干或阴干。半枝莲一般栽培3～4年后，植株开始衰老，萌发力不强，必须进行分株另栽或换地播种栽培。

亩产干品300～500 kg，折干率20%～25%。质量以身干、破碎少、色青绿者为佳。

19. 绞股蓝

（*Gynostemma pentaphyllum*（Thunb.）Makino）

绞股蓝 别名五叶参、七叶胆。为葫芦科绞股蓝属多年生草质藤本。分布于我国、日本、朝鲜、印度及东南亚。我国秦岭以南各省有分布。

生物学特性

• 生长发育

绞股蓝在河南一般在3月中旬出苗返青。5～9月是地上茎叶生长旺盛期，7～9月为花期，雌雄异株，雌雄比为22∶1，9～10月是果实成熟期，秋末地上部分生长渐缓，地下根茎迅速生长、增粗。霜冻后地上部分枯萎，地下部分可在田间越冬。

• **生态习性**

绞股蓝为林下阴生植物或耐阴植物，苗期喜温暖湿润环境，忌强光烈日，不耐干旱；旺盛生长期稍耐干旱，对土壤要求不严，河南各地均可种植，但以中性微酸性土壤生长最佳。

栽培技术

• **选地整地**

宜选用山坡地或排水良好的平原地，以肥沃疏松的沙壤土为好。每亩施腐熟厩肥或土杂肥2 000～3 000 kg作基肥，均匀撒于地表后翻耕耙细整平，耕作深度一般为25～30 cm。作130～150 cm宽的高畦或平畦，信阳、南阳等雨水较多地区可做高畦，河南中北部地区较为干旱，宜做平畦。根据地形、坡向开数条排水沟。

• **繁殖方法**

（1）种子繁殖。可采用直播或育苗移栽。播种期3～4月。直播按行距30～40 cm开浅沟条播，或按30 cm行株距开穴点播，覆土1 cm，播后浇水，至出苗前经常保持土壤湿润。播种量每亩1～1.5 kg。播后20～30 d出苗，当出现2～3片真叶时按株距6～10 cm间苗，苗高15 cm左右时按15～20 cm定苗，穴播每穴留苗1～2株。敞阳地需搭荫棚。育苗者，可撒播或按行距10 cm条播，播后盖土、浇水、盖草保湿。出苗后搭荫棚，揭去盖草，幼苗长出3～4片真叶时，选阴雨天移栽于大田，行株距40 cm×20 cm。

（2）无性繁殖。可采用根状茎或扦插繁殖，绞股蓝无性繁殖很容易成活，茎节落地很容易生根。一般于4月将根状茎挖出，剪成5～7 cm小段，每小段有1～2节，再按行株距50 cm×30 cm开穴，每穴放1小段，覆土3 cm，栽后及时浇水保湿，15～20 d出苗。

扦插期在5～7月生长旺盛期，将地上茎蔓剪下，再剪成若干小节段，每小段有3～4节，去掉下面2节叶，按10 cm×8 cm的行株距斜插入苗床，入土2节，露出地面带叶的部分1～2节，浇水保湿，约7 d即可生根，待长出新芽10～15 cm时可移栽大田，栽后浇水，育苗地应搭棚遮阴。也可直接扦插于有荫蔽的大田，最好在阴雨天进行，以提高成活率。

•田间管理

（1）松土除草。苗期应注意松土除草，封垄后不便进行，以免影响茎蔓生长。

（2）设支架。支架可用竹竿或树枝插成“人”字形，引蔓缠绕生长，搭支架栽培产量较高。

（3）灌溉排水。绞股蓝喜湿润，要勤浇水，经常保持土壤湿润，特别是天旱更要注意浇水。雨季要开好排水沟，否则土壤湿度过大，根容易腐烂，致全株枯亡。

（4）追肥。绞股蓝茎叶生长旺盛，追肥应以氮肥为主，苗期或每次收割后追施人畜粪水最好，或尿素、碳酸氢铵等氮肥，每亩10～15 kg。生长盛期可追磷铵等复合肥2～3次，每次15 kg左右。

•病虫害防治

绞股蓝原为野生，引种家栽历史还不算长，病虫害尚少见。如发现有害虫咬食，可参照其他药材的防治方法。

采收加工

采收每年可进行2～3次。当植株茎长达2～3 m以上即可收割，应选晴天，在离地面15～20 cm处收割，以利重新萌发。最后1次可齐地面收割。第二年春地下根状茎可继续萌发生长，秦岭淮河以北因冬季寒冷，根状茎不能在田间自然越冬，应把根状茎挖起，再挖坑埋藏，翌年春再挖出作种栽用。

收割下来的茎叶，摊开暴晒至干，装好放阴凉处保存。每亩可产干茎叶120～200 kg，高产可达300 kg以上。可制成茶饮，也可作保健食品和保健饮料等。

20. 连翘

(*Forsythia suspense* (Thunb.) Vahl)

连翘　连翘为木樨科连翘属落叶灌木，以果实入药。主产于河南、山西、陕西、山东等地。以山西、河南产量最大。辽宁、河北、湖北、甘肃、云南等省亦有分布。以野生为主，亦有栽培。

生物学特性

• 生长发育

连翘生长发育能力强，每年从基部抽出大量的枝条，对土壤气候要求不严格，喜温暖潮湿气候。3月上旬发芽，下旬开花。花后展叶，果实8～10月成熟。

• 生态习性

根据野生分布情况调查，多生于阳光充足半阴半阳的山坡。在阳光不足的地方茎叶生长旺盛，结果少。

栽培技术

• 选地整地

选土层深厚、土质肥沃、背风向阳的山地，一般挖穴种植。

• 繁殖方法

（1）有性繁殖。

①育苗。播种期为3月下旬至4月上旬，将种子播在整好的苗床上，行距30 cm左右，盖细土1～2 cm后再盖草保持湿度，15 d左右出苗。第二年移栽到田间。

②移栽。移栽一般为穴栽，按株距2 m×1.5 m挖穴。每穴施腐熟堆肥、厩肥5～10 kg，栽时使根自然舒展，埋土压实。

（2）无性繁殖。

①压条繁殖。将植株上较长的当年枝条向下压弯，埋入土3～4 cm，然后灌足水，保持湿润，秋季即能发根生长。压条繁殖的新苗，在落叶之后，即可挖出。剪掉过长的枝条，假植于沟中，埋土防寒，第二年春季带根定植。

②分株繁殖。在秋季落叶后，春季萌芽前进行繁殖。

③扦插繁殖。秋季落叶后或早春发芽前，采用1～2年生健壮枝条，断成20 cm左右长的插穗，只留上部2～3片叶，其余叶摘掉。按行株距25 cm×15 cm，插入经过深翻、细耕和平整的苗床中，插穗露出1～2节即可。立即灌水，以后保持床面湿润，十多天腋芽萌动，半月后开始长根。苗成活后20～30 d，应开始追肥，以后可施肥3～4次，1年生苗即可定植大田。

• 田间管理

连翘产果率低，在移栽时将长花柱植株和短花柱植株相间栽培，这样能大量提高结果率。冬季修剪以疏剪为主，每墩保持3～7株生长旺盛的主干外，其余枯枝、老枝、瘦弱枝及开始衰老的枝条剪除。然后适量追施堆肥、厩肥，也可施过磷酸钙，在植株旁开沟施入覆土。

采收加工

“青翘”在9月上旬，果皮呈青色，尚未成熟时采下。置沸水中稍煮半小时，取出晒干。“黄翘”10月上旬果实变黄，果壳裂开时采收，筛出种子（可作种用），去除杂质，晒干即成。盛果期（10年左右）亩产150～300 kg，以色黄、瓣大、壳厚，无种子者为佳。

21. 栀子
(*Gardenia jasminoides* Ellis)

栀子 别名黄栀子、山栀子。为茜草科栀子属常绿灌木。主产于湖南、江西、福建、浙江、四川、湖北，全国大部分地区有栽培。

生物学特性

• 生长发育

栀子生长发育形成较为明显的三个时期：春枝、夏枝和秋枝的生长。春枝萌发出夏枝和秋枝。夏枝主要为扩大树冠枝条，秋枝为植株主要结果母枝。5～7月为花期，8～11月为果实成熟期。

• 生态习性

喜温暖湿润气候，不耐寒。幼苗耐荫蔽，成年植株喜阳光。对土壤要求不严，但以排水良好、微酸性至中性的沙泥土为好。

栽培技术

• 选地整地

育苗地应选东南向山脚地或半阳的丘陵地，平地应选疏松肥沃、通透性良好、靠近水源与住地的地块，最好有荫蔽条件。选地后，每亩施厩肥2 500 kg、过磷酸钙50 kg，深翻30 cm，耙细整平，做宽1.2 m的高畦为苗床，畦沟宽40 cm左右。定植地宜选阳光充足、土层深厚、疏松、排灌方便的沙质土、壤土为宜。选地后，于冬前进行深翻冻垡。

• 繁殖方法

以种子繁殖为主，也可用扦插和分蘖繁殖。

用50 ℃温水浸种24 h，晾干后播种，或用纱布将种子包起来置温暖处催芽，每天淋水两次，待大部分种子露白时播种。春、秋二季均可播种，以春

播为好。于3月下旬至4月上旬，在整好的苗床上，按行距20～25 cm，横畦开深2 cm的浅沟，将种子均匀播入沟内，覆细肥土2 cm，稍镇压，盖草保温保湿。每亩用种量2～3 kg。

一年后于春季2～3月或秋季10～11月定植。在整好的栽植地上按行距1.5～1.7 m、株距1.2～1.5 m挖穴，穴深和直径各40 cm，挖松底土，每穴施腐熟厩肥10 kg、过磷酸钙150 g，与底土拌匀，上盖10 cm细土，每穴栽苗一株，填土至一半时浇透水封穴，环根际筑土埂，以利浇水。

• 田间管理

（1）中耕除草。定植后，每年可在春、夏、秋、冬各进行一次中耕除草，结合冬季中耕除草，进行根际培土，有利防寒越冬。

（2）追肥。栀子未结果的幼株，追肥应以氮肥为主，每年的生长前期也应多施氮肥，当进入结果龄期，应减少氮肥，增施磷钾肥。每年追肥4～5次。第一次在3月底至4月上旬施春肥，每亩施人粪尿1 000 kg、尿素5 kg左右。第二次施壮果肥，于6月下旬落花后，每亩施人粪尿1 500 kg、磷钾复合肥6～10 kg。第三次每亩施入人畜粪尿2 000 kg、饼肥50 kg、过磷酸钙100 kg。第四次在10月下旬至11月上旬施冬肥，每亩施厩肥2 500 kg、过磷酸钙100 kg。在每年的结果期，还可以用0.3%磷酸二氢钾和1%尿素进行叶面追肥。

（3）灌排水。天旱或少雨季节，应及时灌水，在雨季应及时开沟排水，做到田间无积水。

（4）整枝修剪。整枝修剪要在定植的当年进行。第一年，将离地面20 cm内的萌芽抹净，定为主干，然后在其上选留三条生长方向不同、分布均匀的粗壮枝条，培养为主枝，在主枝的适当位置上再选3～4条强壮枝条，培养为副主枝，在副主枝上培养侧枝，使树冠呈开张状，外圆内空，通风透光。以后每年都要抹掉主干和主枝上的萌芽，剪掉枯枝、交叉重叠枝、徒长枝、病虫枝及直立枝。

• 病虫害防治

（1）褐斑病。发病前喷1：1：120波尔多液或50%托布津1 000倍液，发病初期喷50%多菌灵1 000倍液防治。

（2）蚜虫。用40%乐果1 000倍液喷洒防治。

采收加工

栀子定植后2～3年开始结果，10月下旬至11月上旬当果皮由青转为红黄时采摘，分批将大、小果一律摘尽，不要摘大留小，否则影响翌年发枝和产量。

采回后，除去果柄杂物，及时晒干或烘干即成商品，亦可置蒸笼内微蒸或放入明矾水中微煮，取出后晒干或烘干。在干燥过程中应经常翻动。如用炭火烘烤，先在55 ℃左右烘2 d，取出回潮发汗7 d，再于45 ℃复烘1 d，取出放凉即成。

亩产栀子干品120～150 kg，折干率15%～20%。质量以身干、皮薄、饱满、果实完整、色红黄者为佳。

22. 银杏
（*Ginkgo biloba* L.）

银杏 别名白果、白果树、公孙树等。为银杏科银杏属落叶乔木，以种子（银杏）和叶（银杏叶）入药。我国特产。全国南北均有栽培。

生物学特性

• 生长发育

在河南银杏一般3月下旬芽萌动膨大，4月上旬发芽展叶，4～5月为花期，7月初茎叶停止生长，同时开始花芽分化，9～10月为果实成熟期，11月上旬开始落叶。

•生态习性

喜温暖向阳的环境，适应性强，在冬春温寒干燥、夏秋温暖多雨的气候条件下生长茂盛。对土壤要求不严，在酸性土、钙质土或中性土壤上均能生长。抗旱性较强，但不耐涝。

栽培技术

•选地整地

宜选土层深厚、疏松肥沃、排水良好的沙质壤土为育苗地，要求靠近水源与住地，灌排方便。选地后，每亩施厩肥3 000 kg、过磷酸钙50 kg，深翻30 cm，耙细整平，做宽1.2 m、高18～20 cm的高畦，畦沟宽40 cm。定植地，宜选地势较高、阳光充足、土层深厚、排水良好、疏松肥沃的沙质壤土地。

•繁殖方法

采用种子繁殖为主，亦可进行扦插、分株和嫁接繁殖。

（1）育苗。分秋、冬季播种和春播。秋、冬季播种于10～11月选优良母株，采集个大、饱满、充分成熟的种子，随采随播。第二年春季出苗。如进行春播，播种前种子要进行湿沙层积处理，于2～3月在整好的育苗床上，按行距30 cm横畦开深5 cm的沟，进行点播，每隔10 cm点播催芽籽1粒，露白处朝下。播后覆盖细土5 cm，整平畦面，盖草保温保湿，约半个月即可出苗，揭去盖草，加强苗期管理，培育2～3年，苗高达80～100 cm时，即可定植。每亩播种量30～40 kg，育苗1万株左右。

（2）定植。春季于1月下旬至2月上旬，在整好的栽植地上，按行株距6 m×5 m挖定植穴，穴深和直径各50 cm左右，每穴施入厩肥30 kg、饼肥1.5 kg、过磷酸钙3 kg，与底土拌匀，每穴栽带土苗1株。定植时每亩要适当配置雌雄株，雌雄比以20∶1为好，以利授粉。

•田间管理

（1）中耕除草。一般定植后要进行3～4次中耕除草，第一次要浅些，以后逐渐加深，如在行间套种或间种农作物，可以结合农作物的中耕除草进行。

（2）追肥。每年追施三次。第一次于早春3月施催芽肥，每亩施人粪尿1 500 kg，尿素10 kg。第二次于夏秋之间，每亩施厩肥2 000 kg、过磷酸钙100 kg、饼肥50 kg。根际挖深放射沟把肥料施入。第三次在冬季，结合防寒越冬，将腐熟厩肥与细土混合均匀，堆于植株根际，高约30 cm，既施肥又可防寒越冬。进入结果期，每隔1个月进行根外追肥一次。用0.2%尿素与0.3%磷酸二氢钾配成的水溶液喷施。

（3）整枝修剪。于每年冬季落叶后至春季萌芽前进行。剪除过密枝、重叠枝、细弱枝、直立徒长枝、枯枝和病虫枝。幼龄树可以重剪或短截，壮年树宜轻剪。

（4）人工辅助授粉。可以收集花粉混适量水喷雾于雌树冠，可提高结果率。

（5）灌排水。银杏为耐旱树种，但在定植后根未扎深时，遇干旱应适量浇水，雨季要及时疏沟排除田间积水。

•病虫害防治

（1）茎腐病。发病前喷1∶1∶120波尔多液保护，发病初期喷50%甲基托布津1 000倍液防治；发现病苗及时拔除烧毁。

（2）虫害。主要有蛴螬、蝼蛄等，按常规方法防治。

采收加工

在9月下旬至10月上旬，当银杏种子外种皮呈橙黄色或自然脱落时即可采集，采集时铺上塑料布、晒席等，用竹竿击落，收集运回。银杏叶宜在11月经霜脱落时采集，清除杂质，晒干。

种子采回后，铺在潮湿地上，摊于阴凉潮湿处5～7 d后，外种皮腐烂，放水中揉搓，漂洗出腐果肉等杂物，用清水洗净种子，晒干贮藏备用。敲碎外壳，种仁为药用生白果仁，或采用煨、炒、蒸等方法加工后打碎外壳，种仁为药用熟白果仁。

银杏30年后进入盛果期，平均每株产干果80～100 kg。质量以外壳白色、种仁饱满、内部白色、外部淡黄或黄绿色，粉质、中心有空隙者为佳。银杏叶质量以叶色黄绿、无破损、气清香者为佳。

23. 山茱萸
(*Cornus officinalis* Sieb. et Zucc.)

山茱萸 别名萸肉、山萸肉、枣皮。为山茱萸科落叶灌木或乔木，以果实（果肉）入药。主产于浙江，河南、安徽、陕西也有分布。河南伏牛山区有大量栽培。

生物学特性

• 生长发育

山茱萸花先叶开放。在河南一般3～4月为花期；4月上旬果实明显膨大，以后迅速生长，5月下旬果核硬化期，9月下旬至10月上旬果实由绿变红，逐渐成熟。一般定植后4～6年开花结果，20～50年为盛果期，能结果百年以上。

• 生态习性

喜光，喜肥，宜温暖湿润的气候，花期怕低温。一般土壤都可种植，但以中性和微酸性土壤生长良好。

栽培技术

• 选地整地

宜选海拔600～1 200 m、背风向阳、土层深厚、肥沃、排水良好的沙质壤土地。育苗地每亩施入厩肥3 500～4 000 kg、过磷酸钙50 kg作基肥，深翻30 cm，在播前再浅播一次，耙细整平，做宽1.2 m的高畦，畦沟宽40～45 cm。定植地按行距4 m×4 m挖穴，深和直径各50 cm，每穴施腐肥的有机肥10 kg，过磷酸钙50 g，与底土拌匀。

• 繁殖方法

以种子繁殖为主，亦可采用扦插、压条、嫁接等繁殖方法。

（1）育苗。播种可分秋播和春播。秋播于10月下旬用鲜种子播种，春播用层积处理的催芽种子于3月下旬至4月上旬播种。在整好的苗床上，按行距20～25 cm开沟，深3～5 cm，将种子按株距10 cm点播入沟内，覆土盖平，保持畦面湿润，约一周便可出苗。每亩播种6～10 kg。

（2）移栽。当苗高70～100 cm时，即可起苗移栽。在秋冬季落叶后或春季发芽前移栽均可。每穴栽苗一株。栽后浇好定根水。

• 田间管理

（1）中耕除草。中耕除草多结合管理间种作物一道进行，每年3～4次。随着树冠扩大，中耕除草次数减少。初冬中耕除草，要结合培土进行，以保证安全越冬。

（2）追肥。结合中耕除草进行，每年春秋各施一次肥。春季以4月中旬幼果期最宜，以有机肥为主，每株施人尿粪10～20 kg。盛花及坐果期喷0.3%的尿素、0.2%硼酸和1%～2%过磷酸钙溶液，进行根外追肥。秋季每株施入腐熟厩肥20～30 kg、油饼和过磷酸钙各1 kg。

（3）灌排水。定植后应经常浇水，保持穴土湿润，确保成活。成株期灌三次大水，第一次在春季开花前，第二次在夏季果实灌浆期，第三次于冬前灌封冻水。雨季应及时排除田间积水。

（4）整枝修剪。幼树高1 m左右定干。定干后选留分布均匀并向不同方向生长的健壮侧枝3～4条，作为第一层主枝，其余的枝条从基部剪除。第二年在离第一层主枝适当位置处（50 cm左右）选留3～4条第二层主枝，第三年在离第二层主枝适当位置处选留3～4条第三层主枝，以后各层主枝向左右延伸出副主枝，再放出侧枝。成年树的修剪，以疏除为主。

• 病虫害防治

（1）炭疽病、白粉病和灰色膏药病。三者均可在发病前喷1∶1∶120波尔多液，发病初期50%甲基托布津1 000倍液进行防治。

（2）木榱尺蠖、大蓑蛾和蛀果蛾。前二者均用90%敌百虫1 000倍液防治。蛀果蛾用2.5%敌百虫和2%甲胺磷1：400混合，处理土壤可杀死冬茧，用糖醋毒液诱杀成虫。

采收加工

霜降至冬至，果实外皮鲜红即可采收。采摘时第二年花蕾已形成，故不要碰落花蕾及折损枝条。

果实采收后除去枝梗和果柄，再经加工去除种子，干燥后即为成品。主产区加工方法有火烘法、水蒸法、水煮法，处理后挤压出种子，将果肉晒干或烘干即成商品。

产量为山茱萸盛果期亩产干品150 kg左右。质量以肉厚、柔软、无核、色紫红者为佳。

24. 枸杞

（*Lycium barbarum* L.）

枸杞　学名宁夏枸杞。茄科枸杞属落叶小灌木，以果（枸杞子）和根皮（地骨皮）入药。枸杞主产于宁夏、内蒙古、新疆、河北、山西、山东、陕西、甘肃、青海等地。

生物学特性

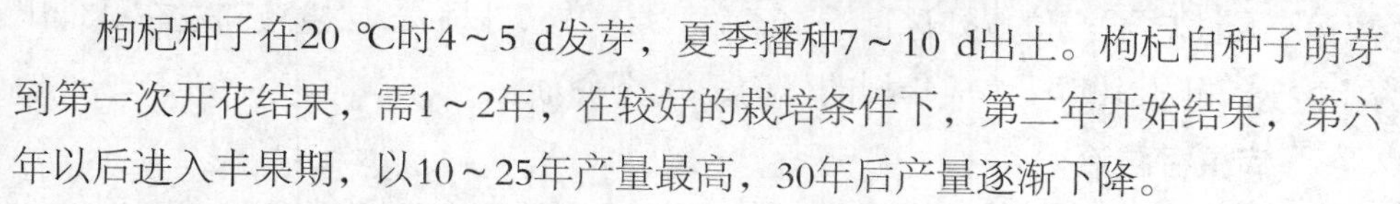

• 生长发育

枸杞种子在20 ℃时4～5 d发芽，夏季播种7～10 d出土。枸杞自种子萌芽到第一次开花结果，需1～2年，在较好的栽培条件下，第二年开始结果，第六年以后进入丰果期，以10～25年产量最高，30年后产量逐渐下降。

• 生态习性

枸杞为强阳性植物，喜光，耐干旱，在全光照下生长迅速，发育健壮，对土壤要求不严，各种土壤条件都能生长。气温的适应性广，耐寒性强。

栽培技术

• 选地整地

一般用非耕地栽培，以疏松肥沃、排水良好的夹沙土或沙壤土较好。整地时最好施入基肥，深翻后耙细整平，做宽约1.2 m或1.5 m的畦；坡地可只开排水沟，不做畦。

• 繁殖方法

（1）有性繁殖。能在短期内培育出大量苗木，缺点是实生苗变异大，难保持原品种的优良性状。

①播种。取优良品种的果实捣烂后用水淘洗，取沉底的种子晾晒干后保存作种用。春、夏、秋三季均可播种，但以春播为主。春播在3月下旬至4月上旬。秋播在8月上、中旬。因枸杞种子细小，一般每亩播量1～1.5 kg。按行距40 cm开沟条播，深1.5～3 cm，播后覆土1～3 cm厚。

②间苗。当苗高3～6 cm时进行第一次间苗，株距6～9 cm；当苗高达6～9 cm时进行第二次间苗（定苗），株距为12～15 cm，每亩留苗约1.2万株。

③抹芽。为保证苗木生长，应及时抹去幼苗在离地40 cm以下部位生长的侧芽。当苗高60 cm时应进行摘心，以加速主干和上部侧枝生长，当根颈粗达0.7 cm时，可出圃移栽。

（2）无性繁殖。可用枝条扦插、根蘖、压条和嫁接繁殖。以扦插育苗较普遍。

（3）移栽定植。3月下旬至4月上旬。定植行株距1 m×1.5 m或1 m×1.2 m。定植前按行株距定点挖坑，坑深30～40 cm，长、宽30～40 cm，栽植时每坑施腐熟厩肥2.5～3.0 kg。

• 田间管理

（1）幼树培土。当幼树生长到1 m左右时，可在树干基部垒一个直径50～60 cm、高20～30 cm的土堆，以防止树体倒塌和弯曲，使树势恢复端直生长。

（2）翻晒园地及中耕除草。3月中旬至4月上旬翻晒春园，使土壤疏松，起到保墒增温作用，从而促进枸杞根系活动和树体生长。

（3）施肥。一般在5月上旬追一次尿素。6月上旬和6月下旬至7月上旬各追一次磷铵复合肥。大树每次每亩15～20 kg，幼树5～10 kg。10月下旬至11月

上旬施基肥，然后冬灌。基肥可用羊粪、猪粪、厩肥、饼肥等。

（4）灌水。根据枸杞对水分的需要，枸杞园灌水分为以下3个时期：一般在5月上旬灌头水，6月上旬灌二水，以后一般是每采1蓬果后灌1次水。10月底至11月上旬施基肥后再灌1次冻水。

（5）整形修剪。枸杞栽后离地高50 cm定干，当年秋季在主干上部的四周选3～5个生长粗壮的枝条作主枝，并于20 cm左右短截，第二年春在此枝上发出新枝时将它们于20～25 cm短截作为骨干枝。以后每年春季要抹芽剪干枝；夏季剪除徒长枝，短截中间枝，摘心二次枝；秋末剪除植株冠层着生的徒长枝。

• 病虫害防治

枸杞主要虫害为枸杞实蝇、枸杞负泥虫、枸杞蛀果蛾等幼虫为害果实。防治方法：越冬成虫羽化时，杞园地每亩撒5%西维因粉3 kg；摘除蛆果并深埋处理；秋冬季园内灌水或翻土，杀灭土内越冬蛹。

主要病害为枸杞黑果病，主要为害果实，其次为害花、蕾、茎、叶。雨季流行。防治方法：加强冬春水肥管理；冬前彻底清园，将枯枝落叶和病果收集烧毁或深埋；发病初期用1∶1∶（120～160）波尔多液或50%多菌灵可湿性粉剂1 000倍液喷雾。

采收加工

果实从6～11月陆续成熟，及时采摘，晒干或烘干。日晒应注意，鲜果采下后不宜在中午强阳光下暴晒且不能用手翻动，烘干温度一般在50 ℃左右。干果的标准是含水量10%～12%，果皮不软不脆。一般亩产300 kg左右。

地骨皮加工是将枸杞根挖起，洗净泥土，将根切成7～10 cm长，剥下根皮，晒干即可。

25. 杜仲
(*Eucommia ulmoides* Oliv.)

杜仲 别名丝绵木等。为杜仲科落叶乔木，以树皮入药。主产于四川、贵州、云南、陕西、湖北、河南，全国大部分地区有栽培。

生物学特性

• 生长发育

杜仲3月芽开始萌动，4月出叶，花期4～5月，果熟期9～10月，10月后开始落叶，11月进入休眠期。根系发达，再生能力强。

• 生态习性

杜仲为阳性树种，性较耐寒，能耐-22 ℃低温，喜温润气候。对土壤的适应性强，以pH为6～8的壤土尤为适宜。

栽培技术

• 选地整地

宜选土层深厚、疏松肥沃、排水良好的沙质壤土。育苗地每亩施厩肥3 500 kg、饼肥100 kg、过磷酸钙50 kg，混合后，均匀撒入地面。深翻30 cm，耙细整平做宽1.2 m、高20 cm的高畦。定植地，按行株距3 m×2 m挖穴，穴深和穴径各50～70 cm，每穴施厩肥20 kg、过磷酸钙和饼肥各1 kg，与底土拌匀。

• 繁殖方法

以种子繁殖为主，也可用扦插、压条、分株、嫁接等方法进行繁殖。

（1）育苗。于3月下旬至4月上旬，当气温稳定在10 ℃以上时播种。播种前种子要进行层积处理。在整好的苗床上，按行距25～30 cm横畦开沟，深2～3 cm，将种子均匀播入沟内。覆细肥土2 cm。整平畦面，盖草保湿保温。

亩播种量6～8 kg。经常保持床土湿润，约半个月即可出苗。选阴天揭开盖草。每亩产苗木2万～3万株。

（2）定植。当苗高60 cm以上，即可起苗移栽。在秋冬季落叶后或春季发芽前移栽均可。要边起苗边移栽，每穴栽苗1株。栽后浇好定根水。

•田间管理

（1）中耕除草。定植后，中耕宜浅不宜深，除草要净，如与农作物间种，可以结合农作物的中耕除草进行。停止间种后，每年夏季清林中耕一次。入冬前，幼树应在根际培土防寒。

（2）追肥。定植后，可以结合中耕除草进行，每年春季每亩施厩肥1 500 kg、饼肥50 kg。夏季植株旺盛生长期，进行第二次追肥，每亩施厩肥2 000 kg、过磷酸钙50 kg、草木灰200 kg，混合后在株旁开沟施入。同时还可以用磷、钾肥进行根外追肥。

（3）灌排水。定植后，应经常浇水，保持穴内土壤湿润，以利成活。夏季旺盛生长季节，如遇干旱亦应及时浇水。如遇雨季应及时排除积水。

（4）整枝修剪。每年冬季适当剪除树冠下部侧枝，促进主干粗直生长，增加干皮产量。剪除下垂枝、病虫枝及枯枝，使树冠通风透光。

•病虫害防治

（1）立枯病、叶枯病和根腐病。立枯病在发病初期用50%甲基托布津1 000倍液喷雾防治。叶枯病可在发病前喷1：1：120波尔多液，发病初期喷50%多菌灵1 000倍液。根腐病要在发病初期用50%甲基托布津1 000倍液浇灌根部进行防治。

（2）刺蛾、褐蓑蛾和木蠹蛾。前二者可在发生期用90%敌百虫800～1 000倍液喷雾防治。木蠹蛾，幼虫孵化期用40%乐果乳油1 000倍液洒树干；在树干上用蘸80%敌敌畏乳油原液的棉球塞入虫道，并用泥封口，毒杀幼虫。

采收加工

杜仲剥皮采收年限，以定植后生长15～25年为宜。目前一般采用活树环剥。环剥宜在6～7月气温较高，空气湿度较大，树木生长旺盛进行。选择树龄10年以上、胸围在40～50 cm的植株进行环剥。环剥时，先用嫁接刀在离地面20 cm的树干基部环割一刀，再在分枝处下方环割一刀，切口斜度以50°为宜，再在两切口之间纵切一刀，每个切口的深度为能割断树皮又不伤形成层为度。然后用刀柄的牛角片在纵横切口交接处撬起树皮，向两侧均匀撕剥。剥后将略长于剥皮长度的小竹片捆在树干上，再用与竹竿等长的塑料薄膜包裹两层，上、下捆牢。4年后又可以环剥树皮。剥皮后应及时浇水、施肥。

剥下的树皮用沸水烫后，展平，将皮的内面相对，层层重叠压紧，加盖木板，上面压石头等重物，使其平整，上下及四周围草，使其发汗，约经7 d后内皮呈暗紫色时即可取出晒干，将表面粗皮剥去，修切整齐即可。

杜仲叶采收，定植4～5年，于10～11月落叶前采摘叶片。去其叶柄，拣出枯叶，晒干药用。

15年以上杜仲，亩产干杜仲皮150～200 kg，干叶80～100 kg。杜仲皮以皮厚、块大、去净粗皮、断面丝多、内表面暗紫色者为佳，杜仲叶以身干、色绿、完整、无杂质者为佳。

26. 金银花

(*Lonicera japonica* Thunb.)

金银花 别名银花、双花、二花。为忍冬科忍冬属半常绿缠绕灌木，以花蕾（金银花）及藤（忍冬藤）入药。全国大部分地区均产。其中以河南新密市的密银花和山东平邑的东银花最著名。

生物学特性

• 生长发育

幼枝绿色，密生短毛，老枝毛脱落，树皮呈棕色。一年四季只要气温不低于5 ℃，便可发芽，春季芽萌发数最多。花在新枝上发育，修剪能增加开

花次数。根系发达，细根很多，生根力强，插枝和下垂触地的枝，在适宜的温湿度下，不足15 d便可生根。

• 生态习性

生长适温为20～30 ℃，喜湿润的环境，以湿度大而透气性强为佳。喜长日照，光照不足会影响植株的光合作用，枝嫩细长，叶小，缠绕性更强，花蕾分化减少。因此，应种植在光照充足的地块。

栽培技术

• 选地

金银花对土壤要求不严，荒山、地堰均可栽培，以沙质壤土为好，pH在5.5～7.8均适合金银花生长。

• 繁殖方法

种子和插条繁殖。以插条繁殖成活率高，收益快，为产区普遍采用。

（1）种子繁殖。11月采摘果实，放到水中搓洗，去净果肉和秕粒，取成熟种子晾干备用。翌年4月将种子放在35～40 ℃的温水中，浸泡24 h，取出拌2～3倍湿沙催芽，等种子裂口达30%左右时，即可播种。播种前选肥沃的沙质壤土，深翻30～33 cm，整成65～70 cm宽的平畦，畦的长短不限。整好畦后，放水浇透，待土稍松干时，平整畦面，按行距21～22 cm每畦划3条浅沟，将种子均匀撒在沟里，覆细土1 cm。播种后，保持地面湿润，畦面上可盖草，每隔两天喷1次水，十余天即可出土。秋后或第二年春季移栽，每亩用种子1 kg左右。

（2）插条繁殖。又分为直接扦插和插条育苗两种。扦插时间一般在雨季进行。在夏秋阴雨天气，选择壮旺无病虫害的1～2年生枝条截成30～35 cm，摘去下部的叶子作插条，随剪随用。在选好的土地上，按行距165cm、株距150 cm挖穴，穴深16～18 cm，每穴5～6根插条，分散开斜立着埋于土内，地上露出7～10 cm，栽后填土压实。遇干旱年份，栽后浇水，以提高成活率。为了节约金银花枝条，便于管理，常采用育苗扦插。

• 田间管理

加强金银花的田间管理，是丰产的主要环节，因此必须注意以下几项管理工作：

（1）松土、除草、培土、施肥。金银花栽培后，首先要注意松土、除草工作，使花墩周围没有杂草，以利生长。每年春季2～3月间和秋后封冻前，要进行松土、培土，每年施肥1～2次，与培土同时进行，方法是在花墩的周围，开一条浅沟，将肥料撒于沟内，上面用土盖严。肥料的种类，可用土杂肥和化肥混合使用，施肥的数量可根据花墩的大小而定。

（2）修剪整形。枝条长的老花墩，要重剪，截长枝，疏短枝，截疏并重；壮花墩，以轻剪为主，少疏长留；幼龄花墩以截为主，促进分枝，加速扩大墩冠。剪枝时间：一是冬剪，从12月至翌年2月均可进行。二是生长期剪，每次采花后进行。生长期修剪，以轻剪为主。

• 病虫害防治

（1）主要病害有忍冬褐斑病。发病后，叶片上病斑呈圆形或受叶脉所限呈多角形，黄褐色，潮湿时背面生有灰色霉状物。7～8月发病重。防治方法：清除病枝落叶，减少病菌来源；加强栽培管理，增施有机肥料，增强抗病力；用3%井冈霉素50 mg／L液或1∶1.5∶200的波尔多液在发病初期喷雾，隔7～10 d喷1次，连续喷2～3次。

（2）主要虫害有中华忍冬圆尾蚜、柳干木蠹蛾、金银花尺蠖等。主要危害叶片和树干。防治方法：一是加强抚育管理，适时施肥、浇水，促使金银花生长健壮，提高抗虫力，及时清理花墩。二是在幼虫孵化盛期，用40%氧化乐果乳油1 000倍加0.5%煤油，喷于枝干，或在收花后用40%氧化乐果乳油或杀螟松按药水1∶1的比例配成药液浇灌根部。

采收加工

适时采摘是提高金银花产量和质量的重要环节。金银花开放时间集中，必须抓紧时机采摘，一般在5月中、下旬采摘第一次，6月中、下旬采摘第二次。在生产中应掌握花蕾上部膨大，但未开放，呈青白色时最适宜。采得过早，花蕾青绿色嫩小，产量低；过晚，容易形成开放花，降低质量。

金银花采下后立即晾干或烘干。将花蕾放在晒盘内，厚度以3～6 cm为宜，以当天晾干为原则。若遇阴雨天气及时烘干，要掌握烘干温度，初烘时温度不宜过高，一般30～35 ℃，烘2 h后，温度可升至40 ℃左右，鲜花排出水汽，经5～10 h后室内保持45～50 ℃。烘10 h后鲜花水分大部分排出，再把温度升至55 ℃，使花迅速干燥。一般烘12～20 h可全部烘干，烘干时不能用手或其他东西翻动，否则易变黑，未干时不能停烘，停烘发热变质。经晾干或烘干的金银花置阴凉干燥处保存，防潮防蛀。忍冬藤于秋冬割取嫩枝晒干。

3～4年生金银花年收四茬，亩产干花达100 kg。以身干、花蕾多、色淡、气味清香者为佳。

27. 菊花

（*Chrysanthemum morifolium* Ramat.）

菊花　为菊科菊属多年生草本，以干燥头状花序入药。主产安徽、河南、浙江、四川等省。主要栽培品种有怀菊、杭菊、川菊、亳菊、滁菊、贡菊等。

生物学特性

• 生长发育

菊花以宿根越冬，开春后在根际周围发生许多蘖芽，随着茎节的伸长，基部密生许多须根。苗期生长缓慢，苗高10 cm以后，生长加快，苗高50 cm

后开始分枝，植株发育到9月中旬，不再增高和分枝，9月现蕾，10月开花，11月盛花，花期30～40 d。入冬后，地上茎叶枯死，在土中抽生地下茎。一般母株能活3～4年。

• 生态习性

菊花喜温暖，耐寒冷，适应性较强，黄河流域以南大部分省区均可露地栽培。气温稳定在1 ℃以上开始萌芽出苗，芽梢能耐−5 ℃低温，宿根能耐−17～−16 ℃低温。在短日照下能提早开花。在阳光充足、营养良好的条件下，植株发育健壮，开花多。

栽培技术

• 选地整地

对土壤要求不严，以肥沃疏松、排水良好的壤土、沙壤土、黏壤土为好。连作病害较重，生产上多与其他作物轮作，也可与桑树及烟草间作或套作。前作收获后，土壤要深耕1次，深度20～25 cm，结合耕翻，施入基肥，每亩施2 000～3 000 kg圈肥或堆肥。畦宽1.2～1.5 m，畦间距约30 cm，沟深20 cm。

• 繁殖方法

繁殖方法为无性繁殖，有分根、扦插、压条、嫁接四种方式，但以分根扦插繁殖最常见。

（1）育苗。

①分根。在收割菊花的田间，将选好作种菊的地面用肥土盖好，以保暖过冬。翌年4～5月发出新芽时，便可分株移栽。将菊花全棵挖出，顺菊苗分开，每株苗应带有白根，6～7 cm长，地上部保留16 cm长。每亩菊苗可分株栽15～30 亩。按穴距40 cm × 30 cm挖穴，穴栽1～2株。

②扦插。移栽前60 d左右育苗。选择健壮、发育良好、无病虫害的田块，作为留种田，将插条按7～10 cm株距摆入沟内，使上端露出地面3～4 cm，然后将沟覆平，浇透水。苗期应保持床面湿润，插条最适生根温度15～18 ℃。

（2）移栽。当苗龄40 d左右，应移栽到大田。产区多在5月下旬至6月上旬移栽。移栽前1 d将苗床浇透水，带土移栽。6月中旬以前定植，行株距40 cm×40 cm，7月上、中旬定植行株距33 cm×26 cm，每穴栽1株。

• 田间管理

（1）中耕除草。菊花是浅根性植物，中耕不宜过深。一般中耕2～3次，第一次在移植后10 d左右，第二次在7月下旬，第三次在9月上旬。此外每次大雨后，为防止土壤板结，可适当进行1次浅中耕。

（2）适时打顶。打顶可使主茎粗状，减少倒伏，增加分枝，提高花产量。打顶应选晴天进行。第一次在菊苗移栽前一周，苗高25 cm左右，打去7～10 cm；第二次于6月上、中旬，植株抽出3～4个30 cm左右长的新枝时，打去分枝顶梢；第三次在7月上旬。

（3）追肥。菊花根系发达，需肥量大，产区一般追肥三次。移栽时，每亩施人粪尿1 500 kg加水4倍；第二次打顶时，施人粪尿500 kg左右或三元复合肥10～50 kg，结合培土；第三次追肥在花蕾形成时，每亩用人粪尿500～1 000 kg，或三元复合肥15 kg，促使花蕾增大，提高产量和品质。

• 病虫害防治

（1）病害。主要有枯萎病（发病时间为6、7月上旬至11月，尤以开花前后发病最重）、斑枯病（又名叶枯病。一般于4月中、下旬发生，直到收获期）、霜霉病（3月中旬菊花出芽至6月上、中旬发病，第二次发病在10月上旬）、花叶病毒等。防治方法：选择无病地块留种；忌连作，不与易发生枯萎病、斑枯病等植物轮作或邻作；加强田间管理，使田间通风透光，降低田间湿度，植株发病前喷1∶1∶100波尔多液，或50％甲基托布津可湿性粉剂1 000～1 200倍液，65％代森锌可湿性粉剂500倍液，每隔7～10 d喷1次，连续喷3～4次；及时拔除病株并深埋。

（2）虫害。有菊天牛、菊小长管蚜、棉蚜、菊瘿蚊等。菊天牛可通过释放天敌昆虫——管氏肿腿蜂进行防治，蚜虫可使用植物性杀虫剂，并保护和吸引天敌昆虫防治。菊瘿蚊在卵孵化盛期用40％乐果乳油1 500倍液防治。

采收加工

• 采收

由于产地及品种不同，花期不同，因此应分期采收，在花瓣平直，花心散开2／3，花色洁白时进行。不采露水花，以防腐烂。头花约占产量50％，二花须隔5 d后采摘，约占产量30%，三花在二花7 d后采摘，约占产量20%。边采花边分级，鲜花不堆放，置通风处摊开，及时加工。

• **加工**

杭菊采用蒸熟晒干的方法。鲜花采收后，分级摊晾半天，加工步骤为上笼、蒸煮、晒白点。上笼厚度以4朵花厚为好；蒸煮火力要均匀，一锅一笼，笼内温度90 ℃左右，时间3～5 min，蒸煮后的菊花，倒在芦帘或竹帘上晒，日晒3 d后翻1次，然后置通风的室内摊晾，1周后收获，数日再晾。亳菊采收后阴干，晒干而得。

亩产干品60～80 kg。折干率15%左右。以花朵大而完整，新鲜洁白，花瓣多而紧密，气清香者为佳。

28. 辛夷

(*Magnolia biondii pamp.*)

辛夷 别名木笔花、望春花、春花。为木兰科木兰属落叶乔木。主产于四川、湖北、陕西、河南、安徽等省。甘肃、福建、江西、湖南、广西、云南、贵州、广东、台湾等省区亦产。

生物学特性

• **生长发育**

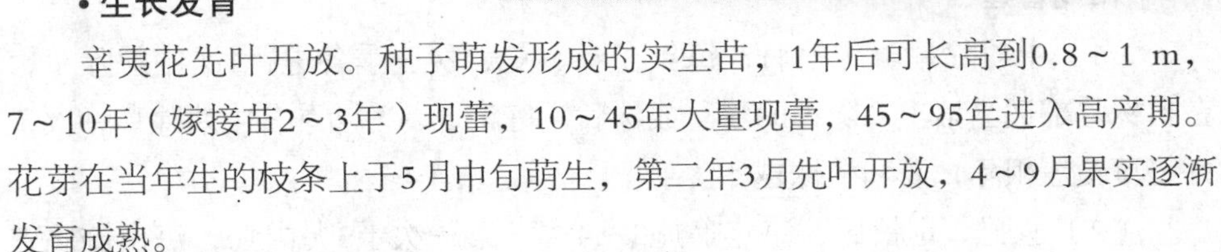

辛夷花先叶开放。种子萌发形成的实生苗，1年后可长高到0.8～1 m，7～10年（嫁接苗2～3年）现蕾，10～45年大量现蕾，45～95年进入高产期。花芽在当年生的枝条上于5月中旬萌生，第二年3月先叶开放，4～9月果实逐渐发育成熟。

• **生态习性**

野生于山坡、路旁、林边等处。喜阳光和温暖湿润的气候。适应性较

强，山谷、丘陵、平原均可栽培。较耐寒，在−15 ℃的低温下，能露地越冬，耐旱，忌积水。

栽培技术

• 选地整地

宜选地势平坦，靠近水源，排灌方便，微酸性、疏松肥沃，排水良好的沙质壤土。育苗时每亩施厩肥3 000 kg，过磷酸钙50 kg，均匀撒入地面，秋冬季深翻25～30 cm，经冻融风化，早春再浅耕一次，并进行土壤消毒。耙细整平后做宽1～1.2 m、高20 cm的苗床。

• 繁殖方法

生产上多采用种子繁殖，亦可以采用嫁接、分株、压条、扦插等繁殖方法。

于3月中、下旬，取出层积处理的种子，在整好的畦面上，按行距25～30 cm横畦开深3～4 cm的沟条播，将种子按3～5 cm的株距均匀播入沟内。覆土2～3 cm，稍加镇压，盖草后，经常保持床土湿润，经25～30 d即可出苗。亩播种量10 kg左右。

于秋季落叶后或早春萌发前定植。在选好的定植地上，按行株距3 m×2 m挖穴。栽时，苗放中央摆正，覆土一半时提苗使根系舒展，再覆土踏实，入土深度以较苗木根部原入土痕深5～7 cm为宜。穴周堆圆形土埂以便浇水及收集雨水，然后浇透定根水。随起挖随栽，每亩栽110～130株。

• 田间管理

（1）中耕除草。定植后，每年在春、夏、秋三季各进行1次中耕除草，在植株基部适当培土，除掉萌蘖。成株后，每年夏、冬两季各中耕除草一次，并将草覆盖根际，以利植株越冬。

（2）追肥。定植后，每年追施2～4次。第一次于3月中旬，每亩施腐熟厩肥1 500～2 000 kg，混合硫酸铵15 kg，在植株旁开环形沟均匀施入，覆土盖肥。第二次于夏季整枝后每亩施入厩肥2 500 kg、饼肥50 kg、过磷酸钙50 kg，混合后于植株旁开环形沟施入，覆土盖肥。第三次于秋季修剪后施上述肥料一次。第四次于冬季，每亩施厩肥3 000 kg、饼肥100 kg、过磷酸钙50～100 kg。

（3）灌排水。定植后经常注意适量浇水，保持土壤湿润。成活后，不遇特殊干旱，可以少浇水。雨季应及时排除田间积水。

（4）整枝修剪。在定植后第2～3年，主干长至1 m高时除去顶芽，促使分枝，进行定干。在植株基部选留3个主枝，在主干上距离保持15 cm左右，并向各自固有的方向延伸生长，避免夹角过小或重叠。主枝上只留顶部枝梢。夏季要注意摘心，以8月中旬为宜。冬季修剪以疏删为主，将徒长枝、病虫枝、枯枝及生长过密枝从基部疏剪，一般不作短截。

老树花势衰弱，应采取措施复壮。将生长弱的枝条从基部剪除，并重施追肥，适量浇水，促进重发新枝，再择优选留，去弱留强，去密留疏，经2～3年抚育更新，可以正常开花。

• 病虫害防治

（1）病害主要有根腐病。发病初期根系发黑，逐渐腐烂，后期地上部枝干枯死。高温多雨季节发病重。防治方法：严禁采用有病苗木造林；发现病株及时挖除烧毁，并用石灰消毒病穴；用50%多菌灵500倍液或甲基托布津1 000倍液灌根。

（2）虫害有木蠹蛾和大蓑蛾。前者防治时要及时剪除病虫枝集中烧毁；或者在田间悬挂黑光灯，诱杀成虫；也可在幼龄期喷90%敌百虫800～1 000倍液防治。后者要人工捕杀；或培育释放蓑蛾天敌姬蜂，进行生物防治；在发生初期喷90%敌百虫1 000倍液防治。

采收加工

一般在每年的2～3月，齐花梗处摘下未开放的花蕾。花蕾摘回后，白天直阳光下薄摊暴晒，晚上堆成垛发汗，使花里的水分外渗，晒至五成干时，堆放1～2 d，再晒至全干。如遇雨可烘炕干燥，当烘至半干时，堆放1～2 d复烘，再烘至全干即可。在气候干燥的地区，置室内通风阴凉处阴干，质量最好。

盛花期亩产干品200～250 kg。折干率15%～20%。以身干、完整、内瓣紧密、无枝梗、饱满肥大、香气浓者为佳。

29. 红花
(*Carthamus tinctorius* L.)

红花 别名草红花、刺红花、红蓝花、红花菜。为菊科红花属一年生草本。主产于河南、安徽、四川、江苏和浙江等省。

生物学特性

• 生长发育

红花生长发育过程可分为莲座期、伸长期、分枝期、开花期和种子成熟期。种子在10～12 ℃条件下6～7 d出苗。花期5～7月，果期7～9月。

• 生态习性

红花属于长日照植物。喜温暖、干燥和阳光充足的气候。对土壤要求不严，沙壤土至黏土、盐碱地（能耐盐碱在0.4%）均能生长。耐旱、抗寒。怕高温、高湿，忌连作。

栽培技术

• 选地整地

选地势高燥、排水良好的沙质壤土种植为好。肥力中等，忌连作，前茬最好为大豆、小麦茬。整地时每亩施堆肥2 500 kg，加过磷酸钙15 kg，深翻20～25 cm，耙细整平，做60 cm垄或宽1.2 m、高20 cm的高畦，以利排水。垄种以秋翻秋整地秋起垄为好。

• 繁殖方法

采用种子繁殖。春播于4月上旬，秋播在10月上旬。条播、穴播均可以。条播在垄上开沟6 cm深，撒播种子，覆土2～3 cm，随后镇压。穴播穴距25～30 cm，深6 cm，每穴播3～5粒种，覆土3 cm。每亩播种量：条播2.5～3 kg，穴播1.5～2 kg。

畦种者，条播行距30～50 cm，穴距20～30 cm。其他同垄种。

• 田间管理

（1）间苗、定苗。幼苗具3片真叶时间苗，穴播每穴留苗4株，条播每隔10 cm留苗1株。苗高8～10 cm时定苗，每穴留苗1株，条播每隔20 cm留苗1株。如发现缺苗，应带土补苗，每亩留苗12 000～15 000株。

（2）中耕除草。一般三铲三趟，苗高5cm时第一次铲趟，以后每10 d一次。第三次中耕结合追肥进行，培土于根际。畦种经常松土除草，做到田间无杂草。

（3）追肥。红花幼苗期施用氮肥，苗期亩施厩肥1 500 kg、过磷酸钙15 kg。开花前根外喷磷肥1～2次。

（4）灌水排水。在苗期、现蕾期、开花期如遇干旱，要适当灌水，保持土壤湿润，促进开花，提高产量。春季雨多或雨季则应清沟排除田间积水，以减少病害发生。

• 病虫害防治

（1）病害有红花炭疽病、菌核病、红花枯萎病、黑斑病和轮纹病等。

红花炭疽病主要为害茎、花枝、叶片。菌核病为害根茎叶。防治方法：①播种时用温汤浸种，或用30%菲醌20～30 g拌种子5 kg，进行种子处理；②深挖排水沟，排除积水，降低田间湿度，抑制病原侵染蔓延；③拔除病株，集中烧毁；④用1∶1∶120波尔多液或用65%可湿性代森锌500～600倍液每隔7～10 d喷一次，先后2～3次。

红花枯萎病主要为害根茎。防治方法：①与禾本科作物轮作；②拔除病株，并用5%石灰乳消毒病穴；③选用无病植株留种；④收获后清园，将病、残株集中烧毁。

黑斑病和轮纹病主要为害叶片。防治方法：①与禾本科作物轮作；②发病前及初期喷1∶1∶120波尔多液，或65%代森锌500倍液，每7～10 d喷一次，连续喷数次。

（2）虫害有红花长须蚜

和红花实蝇，均可采用在花蕾现白期喷40%乐果乳剂1 000倍液，或90%敌百虫800倍液，一周后再喷一次的方法进行防治。

采收加工

开花后2～3 d进入盛花期，可逐日采收。花头上的小花在晚上开始伸展，到早晨6时充分展开，花冠顶端呈金黄色，中部呈橘红色，这时采花，加工质量好。

花采收后，应将花放在白纸上，在阳光下干燥或在阴凉处阴干，不能翻动，以免油黑；或在40～60 ℃烘房内干燥，鲜花5 kg折干花1 kg。

一般亩产干花20 kg左右，高产时可达30 kg。折干率20%。另亩产种子（白平子）80 kg左右。干花以身干、色红黄、鲜艳、质柔软者为佳。

30. 西红花
（*Crocus sativus* L.）

西红花 别名藏红花、番红花。为鸢尾科番红花属多年生草本。主产西班牙、伊朗等国，我国浙江、河南、上海、北京、安徽等地有栽培。

生物学特性

• 生长发育

球茎栽种后20 d左右开始出苗，出苗20 d后开始现蕾开花，花期20多天。花后叶片生长加快，次年2～4月为球茎迅速膨大期，5月植株地上部分枯萎，球茎进入夏眠。花芽分化以24～27 ℃为宜，花芽发育过程中，要求由低温到高温再到低温的变温过程。开花期间以温度15 ℃，相对湿度80%左右为宜。

• 生态习性

短日照植物，喜阳光充足，温和湿润，怕酷暑，较耐寒，忌涝忌连作。生育期要求降雨量中等，分布均匀，土壤保持湿润，以疏松肥沃、排水良好、富含腐殖质的沙质壤土为宜。球茎最低可耐受-8 ℃的低温。

栽培技术

• 选地与整地

选向阳平坦、靠近水源、排灌方便、疏松肥沃、富含腐殖质的沙质壤土为宜。土壤酸碱度以中性或微酸性pH6～7为好。忌连作，低洼易积水，土质黏重、瘠薄之地不宜种植。选地后，每亩施入熟厩肥5 000 kg、饼肥100 kg、过磷酸钙100 kg为基肥，混合后均匀撒入地面上，翻耕25 cm，耙细整平，做宽1.2 m的高畦，高15～20 cm，畦沟宽30～40 cm。

• 繁殖方法

每年5月植株枯萎挖掘出球茎，贮藏过夏，9～10月栽种，11月西红花在田间开花采收。植株生长至翌年5月枯萎。将球茎排放在室内匾架上，到秋季在室内萌芽开花，待采收后，将球茎栽入田间，培育新球茎。

大田适宜栽种的时间为9月上旬。栽种时，在整好的畦面上横畦开沟条栽。株行距根据球茎的大小而定。30 g以上的球茎，行株距为20 cm×15 cm；10～20 g的中等球茎，行株距为15 cm×10 cm；10 g以下的小球茎，行株距为15 cm×8 cm。沟深6～8 cm，一般在冻土层以下。栽种太深不利球茎的膨大发育。浇透水以利发根。每亩栽种球茎3万个左右，做到合理密植。栽后，整平畦面，上面盖一层5 cm厚的熟腐厩肥，以利球茎安全越冬。

• 田间管理

（1）中耕除草。栽后要经常进行松土除草，清洁田园，但松土除草要求在3月前结束，4月以后不再除草，因为田间杂草可以起遮阴保湿的作用。

（2）灌排水。栽种后及时浇透水，有利球茎发根和植株的生长。翌年春季球茎膨大期间要防止干旱，保持田间土壤湿润。若春雨过多，应及时排除田间积水。

（3）追肥。第一次追肥在球茎开始膨大前的1月下旬，每亩施入粪尿2 000 kg、饼肥水50 kg；第二次在3月上旬，用1%～2%的磷钾混合液进行根外追肥。用100 mg/L赤霉素喷叶2～3次，能使叶子增宽，叶色浓绿。休眠期用100 mg/L赤霉素浸球茎24 h后捞起阴干，可使开花数增多，显著提高产量。

（4）合理轮作。番红花连作重茬生长不良，病害严重，而换地轮作，生长旺盛。常采用水旱轮作，前作为水稻，可以减少病虫害和田间杂草，促进球茎增大，开花增多，提高产量。

• 病虫害防治

病害主要是花叶病，发病后，叶片生长不良，卷曲、畸形、花叶等。之后退化褪绿、黄色斑，病株矮小，短叶，严重时全株提早黄枯，球茎瘦小，逐年退化，产量明显下降。防治方法：①选地势高燥、排水良好、不积水的地块种植；②雨季要及时排除田间积水，以防球茎腐烂；③栽种前，每亩施100 kg石灰粉，翻入土内消毒；④发现病株要及时剔除烂球茎，并用石灰消毒病穴；⑤发病初期用50%甲基托布津800～1 000倍液灌根。

虫害主要有蚜虫、蛴螬、蝼蛄等，以及鼠和野兔为害。按常规防治法防治。

采收加工

10月下旬至11月上、中旬西红花开花时，在开花的第1～2 d上午10时左右采花。将花朵摘下装筐运回，摘取花内的雌蕊柱头及花柱的红色部分供药用。

采收后，放通风干燥处薄摊纸上阴干或烘干。常采用快速干燥法，一般可用50～60 ℃烘干4 h，加工的药材色泽鲜艳，品质优良。放入干燥密闭的容器内，置黑暗阴凉处贮藏。

亩产干品1.5 kg左右。折干率15%左右。以身干、柱头色紫红、黄色花柱少、有油润光泽和特殊香气者为佳。

31. 白芍
(*Paeonia lactiflora* Pall.)

白芍 芍药的干燥根药材名为白芍。芍药为毛茛科芍药属多年生草本植物。分布于浙江、安徽、山东、江苏、湖北、甘肃、陕西、河南、河北等地。多栽培。

生物学特性

• 生长发育

生长发育大致分为三个时期：茎叶旺盛生长期（返青至现蕾，4～6月）、根旺盛生长期（现蕾至地上部分枯萎，6～9月）和越冬期（地上部分枯萎至第二年返青）。花期6月，果期8～9月。

• 生态习性

适宜温和气候、阳光充足的环境，耐寒性强，耐热，耐旱，忌涝，喜肥，忌连作。为深根性植物，要求土壤深厚、疏松肥沃、排水良好的沙质壤土或壤土。

栽培技术

• 选地整地

选择土层深厚、疏松肥沃、排水良好的沙质壤土。深翻30 cm以上，亩施厩肥4 000～5 000 kg、过磷酸钙50 kg、复合肥30 kg、饼肥50～100 kg。秋翻秋整地，秋起垄，当年播种，垄距60～70 cm，也可做高畦育苗。

• 繁殖方法

可分种子、芍头、分株等三种繁殖方法。

（1）种子繁殖。将新鲜种子与湿沙1∶3混合贮藏，放于阴凉的室内，使种子后熟。芍药种子保鲜发芽率高，不能晒干。9月中下旬播种，行距

23～25 cm，粒距4～5 cm。覆土后稍镇压，盖草保湿。第二年5月上旬出苗。育苗2～3年后移栽。此法生长期长。

（2）芍头繁殖。收获时先将芍根从芍头着生处全部割下，加工成药材。所留下的芍头（红色），选其形状粗大、饱满的芽头，按大小和芽的多少，顺其生长情况，切成2～4块，每块有粗壮的芽头2～3个，盖湿沙贮藏。一般一亩地芍头可以种植2～4亩。

（3）分株繁殖。在收获时将较粗大的芍根从着生处切下，将笔杆粗的根留下，然后按其芽和根的自然分布，剪成2～4株，每株留壮芽1～2个及根1～2条，根的长度保留15～20 cm，放湿沙中贮藏。

芍药栽种时间在9月上旬至10月上旬，以早栽为好。栽种方法是：不论育苗移栽、分株、芍头繁殖，都可在60～70 cm的垄上按株距40 cm左右，亩保苗2 500～2 800株。

• 田间管理

（1）中耕除草。出苗后应及时浅锄，随后进行三次中耕，第三次结合培土。以后每年除草中耕3～4次。

（2）追肥。栽后第一年苗小可少追肥，第二年后，每年追肥3次。第一次施苗肥，每亩1 000 kg厩肥或10 kg尿素加10 kg三元复合肥；第二次5～6月施厩肥1 500 kg或三元复合肥30 kg；第三次于秋后追施盖头粪，每亩1 000 kg厩肥等有机肥，提沟培土，起盖头作用。

（3）摘蕾。于花蕾长出时选晴天将其花蕾全部摘掉。

（4）排灌水。芍药性喜干燥，但严重干旱时应浇水。雨季应及时排除积水，防止烂根。

• 病虫害防治

（1）灰霉病。防治方法：清洁田园、烧毁病株；实行轮作；发病前期喷1：1：120波尔多液，每7～10 d喷一次。

（2）叶斑病。防治方法：发病前喷1：1：120波尔多液或代森锌800～1 000倍液，7～10 d喷一次，连续喷数次。

（3）锈病。防治方法：选地势高燥、排水良好地种植；清洁田园，将病残体烧毁或深埋；发病初期喷97%敌锈钠400倍液，7～10 d一次，连续数次。

此外还有蛴螬等虫害危害其根，用敌百虫毒饵防治。

采收加工

栽种第三年9月收获。根挖起后将粗根从芍头处切下，剪去侧根，按大、中、小分三档，分别堆放在室内2～3 d，每天翻堆一次，保持湿润，使其质地柔软。芍药加工分擦白、煮芍、干燥三个步骤。

（1）擦白。即擦去芍根外皮，先将芍根装入筐里，浸泡在水中1～2 h，将芍根放在木床上搓擦，待皮擦去后，用水洗净泥沙，浸于清水中。

（2）煮芍。每锅放芍根15～25 kg，锅水以浸没芍根为准。保持锅水微沸，上下不断翻动，使芍根受热均匀。按大、中、小分别煮5～15 min，煮透为止。

（3）干燥。在晒场摊开暴晒1～2 h，渐渐地堆厚，使表皮慢慢收缩，这样晒的芍根，表皮皱纹细致，颜色好。晒3～5 d，在室内堆放2～3 d，然后继续晒3～5 d，这样反复3～4次，才能晒干。

亩产干品200～300 kg。折干率30%左右。以身干、体重、圆直、头尾均匀、体坚实、无夹生和炸心、粉性足者为佳。

32. 防风

（*Saposhnikovia divaricata*（Turcz.）Schischk.）

防风 为伞形科防风属多年生草本植物，以根入药。分布于东北地区及河南、河北、山东、内蒙古等省区。

生物学特性

• 生长发育

植株一般在4月中下旬开始返青出苗，5月上旬苗可出全，5～8月为地上部

分生长的旺盛期，8月以后以根增粗为主。花期7～9月，果期9～10月。植株开花后根部木质化，中空。根具有再生习性。

• 生态习性

喜阳光充足、凉爽的气候，耐寒，耐干旱。一般土壤均能种植，酸性大、黏性重或过沙的土壤不宜栽种。

栽培技术

• 选地整地

选排水良好、土层深厚的沙质壤土。基肥每亩施厩肥3 000～4 000 kg及过磷酸钙15～20 kg。深耕30 cm以上，耙细整平，做宽60 cm的垄，或做成宽1.2 m、高15 cm的高畦。

• 繁殖方法

种子繁殖和根插繁殖。

（1）种子繁殖。春播为4月中下旬；秋播种子采收后即可播种，次春出苗，以秋播为好。春播需将种子在35～40 ℃的温水中浸泡24 h，晾干播种。在整好的垄上开沟条播或在整好的畦上按行距25～30 cm开沟。每亩播量1～2 kg。如遇干旱要盖草保湿，浇透水，播后20～25 d出苗，亦可育苗移栽。

（2）根插繁殖。收获时取直径0.7 cm以上的根条，截成3～5 cm长的根段为插穗，按行距30 cm、株距15 cm开穴栽种。注意不能倒栽。每亩用根量50 kg。

• 田间管理

（1）间苗。苗高5 cm时按株距7 cm间苗，苗高10～13 cm时按株距13～16 cm定苗。

（2）除草培土。6月前需多次除草。植株封行时，可摘除老叶后培土，入冬时结合场地清理，再次培土保护根部越冬。

（3）追肥。每年6月上旬和8月下旬，需各追肥一次，分别施厩肥1 000 kg、过磷酸钙15 kg追肥或20～30 kg三元复合肥。结合中耕培土，施入沟内即可。

（4）摘花薹。两年以上植株，除留种外，发现抽薹应及时摘除。

（5）排灌水。播种或栽种后至出苗前，需保持土壤湿润。雨季及时排水。

• 病虫害防治

（1）病害。主要有白粉病。防治方法：增施磷钾肥增强抗病力，注意通风透光；发病时喷0.2～0.3波美度石硫合剂，或50%托布津800～1 000倍液。

（2）虫害。主要有黄翅茴香螟，危害花果和黄凤蝶。防治方法：在清晨或傍晚用90%敌百虫800倍液或80%敌敌畏乳油1 000倍液喷雾。

采收加工

于第二年或第三年10月上旬地上部枯萎至春季萌芽前采收。防风根部入土较深，松脆易折断，采收时须从畦的一端开深沟，顺序挖掘。根挖出后去杂，晒至半干时去掉须毛，按根的粗细分级，晒干即可。

亩产干品250～350 kg，折干率25%～30%。以根条肥大、平直、皮细质油、断面有菊花心者为佳。

33. 远志

（*Polygala tenuifolia* Willd.）

远志 为远志科远志属多年生草本植物，以根或根皮入药。主产于东北、华北地区及山东、陕西、甘肃等省。

生物学特性

• 生长发育

植株3月开始返青，4月中下旬展叶，5～6月生长迅速，7～8月生长变缓，9月底地上部分停止生长。花期5～7月，果期7～9月。

• 生态习性

喜凉爽气候，耐干旱，忌高温，怕涝。对土壤要求不严，但黏土及低湿地不宜栽培。

栽培技术

• 选地整地

选向阳、地势高燥、排水良好的沙质壤土种植，每亩施厩肥或堆肥2 500～3 000 kg、过磷酸钙30 kg，深翻30 cm以上，耙细整平，做宽1～1.2 m高畦，高15 cm，沟宽30 cm。

• 繁殖方法

用种子繁殖。由于远志蒴果成熟种子易散落地面，应在7～8月果实成熟时及时采收。

（1）直播。春播为4月中下旬，秋播于9月下旬到10月上、中旬进行。在畦上按行距15～20 cm开浅沟条播，覆土1.5 cm。每亩用种量0.75～1 kg。盖草保湿，播后约15 d开始出苗。秋播的翌年春出苗。

（2）育苗移栽。于4月上中旬，在苗床上8～10 cm开沟条播或撒播，覆土1 cm，盖草保湿，播量为40～50 g/㎡。播后10～15 d出苗。

苗高5 cm左右，按行距15～20 cm，株距6 cm移栽定植。也可以经疏苗管理后于当年秋季地上部枯萎时移栽。株行距同上。

• 田间管理

远志植株矮小，在生长期应勤松土除草，并进行间苗定苗，定苗株距为6 cm。远志性喜干燥，生长后期不宜经常浇水。第一年苗定植后，亩追尿素5 kg，秋季追复合肥10 kg加过磷酸钙5 kg、厩肥500～1 000 kg。以后每年春、秋各追复合肥10～15 kg加过磷酸钙5 kg、厩肥500～1 000 kg。

采收加工

于栽后第三、四年秋季回苗后收获。在畦的一头深挖30～50 cm，依次挖完。

收后趁水分未干时，用木棒敲打，使其松软，抽去木心，晒干即可。抽去木心的远志称远志肉。如采收后直接晒干称远志棍。

亩产干品100～150 kg，折干率30%左右。以身干、筒粗、肉厚、去净木心者为佳。

34. 玄参

(*Scrophularia ningpoensis* Hemsl.)

玄参 为玄参科玄参属多年生草本植物，以根入药。分布于江苏、安徽、浙江、江西、福建、湖北、湖南、四川、贵州等省。现南北各省均有栽培。

生物学特性

• 生长发育

3月开始返青，5～7月茎叶迅速生长，8～9月根迅速膨大，11月以后地上部分枯萎，进入越冬期。花期7～8月，果期8～9月。

• 生态习性

适应性强，以气候温和、阳光充足的地区生长较好，忌连作。为深根性植物，以土层深厚的沙质壤土为好，黏土地生长不良。

栽培技术

• 选地整地

选肥沃疏松的壤土地栽培。底肥要施足，每亩施用有机肥3 000 kg，可将基肥集中施在垄底的中心线上，然后挖沟起土培垄。深耕25～30 cm，细耙后做高35 cm左右、宽70 cm的垄，沟宽30 cm。

• **繁殖方法**

生产上采用子芽繁殖。

（1）选种和贮藏。收获玄参选择粗壮如拇指、色白的芽头，从根头上掰下作种栽。在室内先晾1～2 d，再在室外选择干燥、排水良好的地方挖坑贮藏。坑深50 cm左右，大小视种栽数量而定。将坑底先铺上一层10 cm厚的细沙，将种栽平铺入坑内，厚30 cm左右，上盖10 cm左右厚土，表面呈龟背形，以防下雨积水。坑的四周还要挖好排水沟。

（2）栽种。2月下旬至4月上旬均可栽种，但以早种为好。每垄栽双行，行距30 cm，株距45 cm，三角种植，亩栽6 000株。穴深7～8 cm，每穴内放子芽1个，芽头向上，浇足水，待水渗下后，覆土5～7 cm。每亩用种栽75～100 kg。一个月左右萌发出苗。

• **田间管理**

（1）中耕除草。幼苗出土后要及时进行中耕除草。一般进行3次。中耕不宜过深，以不伤块根为度。

（2）追肥。在齐苗和苗高30 cm时每亩分别追施腐熟人畜粪便600 kg和1 000 kg或尿素各5～10 kg。玄参开花初期追肥是高产的关键，每亩开沟施过磷酸钙40 kg和草木灰200～300 kg，或三元复合肥40 kg，促使块根膨大。

（3）培土。培土是玄参一项很重要的栽培措施。培土能提高子芽质量，使白色子芽增多，防止倒伏。培土时间一般在第三次追肥后。

（4）灌溉浇水。土壤特别干旱时在垄沟内浇水，雨季要注意清沟排水。

（5）摘除花序。7～8月抽薹开花时，应及时将花序剪除，使养分集中于地下块根生长，提高产量。

• **病虫害防治**

（1）病害。白绢病的防治方法：与禾本科作物轮作；整地时每亩施入生石灰50 kg；选用无病芽头做种栽，用50%多菌灵溶液浇灌病株及周围植株；

发现病株带土移出烧毁，并在病穴及周围撒石灰粉消毒。

叶枯病的防治方法：发病初期喷65%代森锌800倍液，每隔10～14 d喷一次，连续喷2～3次。

（2）虫害。红蜘蛛发生期喷40%乐果乳剂1 500～2 000倍液杀灭。小地老虎的防治：幼虫1～2龄时，每亩喷撒2.5%敌百虫粉2.5～3 kg，撒于地表。幼虫3龄后，用青菜或生萝卜条5 kg拌90%晶体敌百虫50 g，撒于垄面上诱杀。

采收加工

栽后当年地上部茎叶枯萎时采收。采收时，先从畦或垄的一端挖起，挖起的根取下芽头做种栽，切下根部进行加工。

将块根在晒场上摊平暴晒5 d左右，经常翻动。堆积4～5 d再晒，经过反复堆晒，约经50 d即可达到八成干，这时观察根部肉质部分仍有白色，需继续摊晒，直至黑色全干，即为商品。烘干必须先晒至半干，否则易造成空泡，影响质量。烘干温度控制在50 ℃左右为宜，开始火力不能过猛，应逐渐升温。

亩产干品200 kg左右，高产可达300 kg以上。折干率20%～25%。以身干、粗壮、质坚实、皮细、外表灰白色、内部黑色、无芦头者为佳。

35. 苦参

（*Sohora flavescens* Ait.）

苦参 为豆科槐属落叶亚灌木，以根入药。我国各地均有栽培。

生物学特性

• 生长发育

一般4月初返青发芽，11月初叶子变黄脱落进入休眠阶段，全年生长期约210 d。花期5～7月，果期8～9月。

• 生态习性

苦参系深根植物，喜温暖的气候，喜光，耐旱，较耐盐碱，对污染气体较敏感。对土壤要求不严，但以土层深厚、肥沃、排水良好的沙壤土和壤土为好。

栽培技术

• 选地整地

宜选土层深厚、疏松肥沃、排水良好的沙质壤土栽培。地下水位要低，前茬以禾本科作物为宜。每亩施厩肥3 000 kg、过磷酸钙20 kg。秋季深翻30～40 cm，起宽60 cm垄，或做宽1.2 m的高畦，畦沟宽45 cm。

• 繁殖方法

种子繁殖。

（1）种子的采收与处理。于8～9月种子成熟时，选健壮植株采种。播种前将种子与细沙按1∶1混匀，摩擦，划破种皮。因为苦参的种子中有硬实种皮，即种皮坚硬，不透水、不透气，在适宜条件下也不发芽。经沙磨处理的种子发芽率显著提高。

（2）播种。于翌年春季3～4月播种，将土壤整细耙平做成宽130 cm的高畦，四周开好较深的排水沟，以利排水。播前将沙磨处理好的种子，放50 ℃的温水中浸泡24 h，之后在起好的垄上按株距30 cm开穴，或在做好的畦上按行株距60 cm×30 cm开穴，穴深10 cm，点种3～5粒，覆细土2～3 cm。亩播量1～1.5 kg。

• 田间管理

（1）中耕除草。苗高5 cm时进行中耕除草，在封行前进行3次，半个月一次，第一次松土要浅，第三次要深并培土防止倒伏。

（2）间苗、补苗。结合中耕除草进

行，第一次中耕除草去弱苗，留壮苗，第三次中耕除草定苗，每穴留2～3株。如有缺苗，选壮者补栽。

（3）追肥。结合中耕进行，第一次亩施厩肥1 000 kg，人畜粪水1 000 kg，第二次在定苗时，亩施人粪尿1 500 kg、厩肥2 000 kg、过磷酸钙30 kg。

（4）摘花薹。当6月抽薹时，除留种的外，全部摘除剪除，可以显著增产。

• **病虫害防治**

苗期有地老虎和蝼蛄咬断茎基部。可按常规方法诱杀。

采收加工

播后2～3年茎叶枯萎后采挖根部。根深时应深挖，注意不要挖断。

将收回的苦参根，按根条长短分别晾晒，除去芦头和尾根，晒干或烘干即成。

亩产干品300～400 kg。折干率30%～45%。以身干、整齐、顺长均匀、内淡黄白色、无枯朽、味苦者为佳。

36. 百合

（*Lilium brownii* F.E.Brown var.viridulum Baker）

百合 为百合科百合属多年生草本植物，以鳞茎入药。主要分布于东北、西北及山东、河北等地。全国各地均有栽培。

生物学特性

• **生长发育**

一般3月中下旬出苗，8月上中旬茎叶进入枯萎期，鳞茎成熟。种植时间6～7个月。花期5～8月，果期8～10月。

• 生态习性

喜温暖湿润环境，稍冷凉地区也能生长，耐旱，耐寒，怕涝，忌连作，适宜pH5.5～6.5。适宜温度为15～25 ℃，高于28 ℃生长受阻。

栽培技术

• 选地整地

选择土壤疏松肥沃、排水良好的沙质壤土。前茬以豆科及禾本科植物为好。翻地前施足基肥，每亩施2 000～3 000 kg厩肥、过磷酸钙30 kg、饼肥50 kg。深翻25 cm，耙细整平，做宽1.2 m、高15 cm的畦，畦沟宽25～30 cm。

• 繁殖方法

主要采用鳞茎、鳞片及珠芽无性繁殖。种子繁殖周期长，生长慢，一般不采用。

（1）鳞片繁殖。秋季采挖鳞茎时，选里层肥大鳞片，在50%多菌灵500倍溶液中浸30 min，阴干，按10 cm×（3～6）cm扦插在苗床中，插入部分为鳞片的2/3，插后盖草覆土盖平，每亩约需种鳞片100 kg。约20 d在鳞片下端切口处便会形成1～2个小鳞苗，形成新个体。生长一年，第二年8月挖出，按行株距15 cm×6 cm移栽。经二年培育，鳞茎重50 g的可入药，直径3～4 cm的作种栽。一般种植2～3年收获。

（2）小鳞茎繁殖。秋季采收时，选健壮小鳞茎，按鳞片的繁殖方法消毒，然后按行株距15 cm×6 cm栽种。经一年培育，一部分可达到种栽标准，较小者再培养1～2年作种栽用。一般种植2年收获。

（3）珠芽繁殖。夏末采收，与湿润细沙混合贮藏在阴凉通风处。当年9～10月，在苗床上按行距10～13 cm，每2～4 cm播珠芽1粒。播后盖细土，并覆草。翌年出苗时追肥。秋季地上部枯萎时挖取鳞茎，再按行株距15 cm×6 cm移栽。种植3年收获。

用上述方法繁殖的种栽，直径3～4 cm，9～10月秋植。行株距30 cm×15 cm。每亩用种栽量200 kg左右。

• 田间管理

（1）中耕除草。鳞茎的生长需要疏松的土壤，栽后应勤中耕除草。封行后可不除草，以免损伤植株。

（2）施肥。生长期间应追肥2～3次，以有机肥为主。第一次越冬前施盖头粪，畦面上盖厩肥10 cm；第二次在苗高10 cm时，亩施厩肥1 500 kg（或尿素5 kg、复合肥10 kg），第三次在7月收获珠芽后，如见叶色褪淡，可追施速效肥，每亩施复合肥15 kg。以0.2%磷酸二氢钾叶面追肥，效果亦佳。从苗期开始多次喷0.1%的钼酸铵进行叶面追肥，增产效果明显。

（3）排灌水。后期鳞茎长大，最怕高温多湿。7～8月雨季，应及时排水。

（4）去顶与打珠芽。小满前后及时去顶。6～7月珠芽形成与成熟，不作种用的应及时摘除。

• 病虫害防治

（1）病害。主要有立枯病、软腐病和病毒病。

立枯病的防治方法：出苗期用1：1：120波尔多液喷雾一次，之后喷50%多菌灵1 000倍液2～3次；发病后，及时拔除病株，并用5%石灰乳消毒病穴。

软腐病的防治方法：播种前用50%苯骈咪唑500～600倍液浸种20～30 min，晾干后下种；雨季注意及时排出积水。

病毒病的防治方法：拔除受害植株，及早防治蚜虫，减少带毒蚜虫再次传染。

（2）虫害。主要有蚜虫。防治方法：清洁田园，铲除田间杂草，减少虫口；发生期喷40%乐果1 000倍液。

采收加工

定植后第二年待植株上部完全枯萎时采收。收后，切除地上部分和须根，并及时贮藏在通风干燥阴凉处，以待加工。

加工可分剥片、泡片、晒片三个步骤。先洗净泥土，剥下鳞片，将鳞片用开水烫或蒸5～10 min，当鳞片边缘柔软而中间未熟，背面有极小的裂纹时，迅速捞起，放到清水里，洗去黏液后，立即薄摊于晒席上暴晒，未干时不要随便翻动，以免破碎，如遇雨天，也可炕干。放通风干燥处保存。

一般亩产百合干品150～200 kg。折干率为20%～30%。以肉厚、色白、质坚、半透明为佳。

37. 白术
(*Atractylodes macrocephala* Koidz.)

白术 为菊科苍术属多年生草本植物，以根状茎入药。分布于安徽、浙江、江西、湖南、湖北、陕西、四川等省。全国各地多有栽培。

生物学特性

• 生长发育

一般3～5月地上部分生长较快，6～7月生长较慢，8月中下旬到9月下旬根茎迅速膨大，11月以后进入休眠期。花期9～10月，果期10～11月。

• 生态习性

喜凉爽，怕高温多湿。根茎生长适宜温度为26～28 ℃，气温在30 ℃以上时，生长受抑制；耐寒，忌连作。要求土壤pH 5.5～6。

栽培技术

• 选地整地

以土质疏松、排水良好、中等肥力的沙质壤土为宜。选好地后先冬耕30 cm，翌年3月中旬，每亩施入厩肥3 000 kg、过磷酸钙50 kg、饼肥100 kg，再浅耕一次，整平耙细，做宽1.2 m的高畦，高15～20 cm，沟宽30～40 cm。

• 繁殖方法

多用种子繁殖。先培育术栽，后移栽大田。

（1）选种催芽。用二年生留种田收获的种子。播种前5 d左右，将选好的种子放入25～30 ℃的温水中浸24 h，置25 ℃左右室内催芽，淋水保湿，3～4 d当种子露白时即可播种。

（2）培育术栽。于3月下旬至4月上旬播种，过早过晚均生长不良。

①播种方法。条播按行距10 cm左右，开深2～3 cm的沟，然后将种子均匀播入沟内，粒距1～1.5 cm，再盖细土与畦平，盖稻草保湿。亩播种量5 kg左右。1亩术栽可栽8～10亩大田。

②术栽地管理。播种后15～20 d出苗。出苗后要及时松土、除草、间苗，株距5 cm。发现抽薹应及早摘除。5月、7～8月应追肥促苗生长，以稀人粪尿为主，每次750 kg左右，也可在5月追5 kg尿素，7～8月施入10～15 kg的复合肥。伏天需搭棚遮阴，日盖夜掀（可在玉米地培育术栽）。

③收获术栽。10月中、下旬将术苗挖起，剪去茎叶和须根。按术栽大小分级。将术栽摊放在阴凉通风的室内地上3～5 d，待表皮发白后进行贮存。一亩地可收鲜栽400 kg左右，可栽种10亩大田。

④贮藏术栽。坑藏法。选阴凉、通风、干燥处挖深、宽各1 m的坑。下面铺5 cm细沙，再放入60 cm术栽，覆土5 cm，以后逐渐加厚。第二年春季边挖边栽。少量可在室内沙藏。

（3）栽种。一般于12月下旬（立冬以后）至翌年2月下旬栽种为宜。在整好的畦上按行株距30 cm×（15～18）cm开沟或开穴栽种，深7 cm。覆细土至芽上3～4 cm为宜，亩保苗株数1.2万～1.5万株。每亩需术栽50～60 kg。

• **田间管理**

（1）中耕除草。一般进行三次中耕除草。5～6月杂草生长迅速，要及时松土除草，第一次中耕除草应深些，以促进根部的生长，以后应浅锄，以免伤根，封垄或封行后不再中耕。

（2）追肥。结合中耕进行追肥，第一次每亩施人粪尿1 000 kg或5～10 kg尿素。5月下旬再追肥一次，每亩施人粪尿1 500 kg，加施硫酸铵5 kg。第三次在摘蕾后5～7 d，每亩施人粪尿2 000 kg，腐熟饼肥100 kg，复合肥50 kg，促进地下根茎膨大。还可根外追施少量磷、钾肥（如磷酸二氢钾、1%过磷酸钙水等）。

（3）灌排水。苗期遇干旱应及时浇水，旺盛生长期应保持土壤湿润；雨季要及时排除田间积水。

（4）摘花蕾。7月中旬，开花前应分批及时摘（剪）除花蕾。

• **病虫害防治**

（1）病害。主要有立枯病、根腐病和锈病。

立枯病的防治方法：雨后及时松土，防止土壤板结；疏沟排除田间积水；用5%石灰乳浇灌病株；发病初期可用50%多菌灵1 000倍液浇灌。

根腐病的防治方法：栽种前经50%多菌灵1 000倍液浸种10 min，晾干栽种；发病初期可用50%多菌灵或50%甲基托布津500倍液灌根。

锈病的防治方法：发病初期喷97%敌锈钠300倍液或25%粉锈宁1 000倍液。

（2）虫害。白术术籽虫成虫产卵期喷80%敌敌畏800倍液，每7 d1次防治。红花缢管蚜若虫期喷40%乐果乳油1 500倍液防治。

采收加工

采收种子，于11月上中旬，收地上部分捆把，倒挂晾1个月，使种子后熟，再晒1～2 d，脱粒，置阴凉、通风处贮存。

10月下旬至11月中旬茎叶枯萎时收获根茎。将植株挖起，抖去泥土，剪掉茎秆，留根茎加工。采收后应立即晒干或烘干。烘干开始时火力可以猛些，温度掌握在100 ℃左右。待白术表面发热，有蒸气上升时降至60 ℃左右，每2～3 h翻动一下，在八成干时在室内堆放“发汗”5～6 d，将大小分开再烘5～6 h，再堆放发汗一周，再烘干至翻动时发出清脆的响声为止。

亩产干品150～200 kg，可达400 kg，折干率30%～35%。以身干、个大、坚实、体重、不空心、断面色黄、香气浓郁者为佳。

38. 天南星

（*Arisaema erubescens*（Wall.）Schott.）

天南星 为天南星科天南星属多年生草本植物，以块茎入药。产于广西、云南、四川、贵州、陕西、湖南、甘肃、浙江、安徽、河北等省区。

生物学特性

•生长发育

种子萌发的当年实生苗，第一年幼苗只生1片小叶，第二、三年生小叶片数逐次增多。花期5～7月，果期8～9月。

•生态习性

喜阴，怕强光，忌严寒，喜湿润，喜肥，忌连作，适宜在疏松肥沃，富含腐殖质的沙质壤土上栽种，黏土及低洼排水不良地块不宜种植。天南星喜阴湿，栽后每年可在畦埂（沟）上按株距33 cm播种玉米遮阴。

栽培技术

•选地整地

秋翻秋整地为好。整地前每亩施堆、厩肥3 500～4 000 kg，并加施过磷酸钙每亩30～50 kg，饼肥50 kg，耕翻土壤，深25～30 cm。整平耙细，做宽1.2 m、高15 cm、间距40 cm的高畦或宽1～1.2 m的平畦。

•繁殖方法

以块茎繁殖为主，种子繁殖次之。

（1）块茎繁殖。收获时，选健壮中小块茎为种栽。种栽放地窖中沙埋保存。窖温控制在5～10 ℃。第二年4月上中旬，在畦上按行距20～25 cm开浅

沟，株距15 cm，沟深5～7 cm，覆土5 cm左右。温湿度适宜半个月可出苗。每亩用大种栽40～50 kg，小种栽25～35 kg。

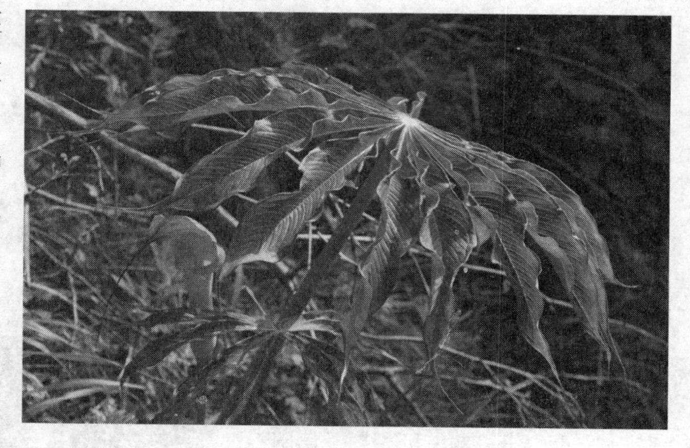

（2）种子繁殖。用当年采收的新种子，8月上旬播种。在畦上按15 cm划浅沟播种，覆土1.5 cm。浇透水盖草保湿，10 d左右出苗，揭去盖草，加强苗期管理，10月后，用厩肥覆盖，保幼苗安全越冬。

翌年5月苗高10 cm左右，进行移栽带土团移栽定植。行株距20 cm × 15 cm，栽深稍高于幼苗原入土深度。用种子繁殖的第1～2年生长缓慢。

• 田间管理

（1）中耕除草。苗高5 cm时，进行第一次中耕除草，应浅锄，以后每半个月进行一次，做到田间无杂草。小垄栽种的可进行三铲三趟。第三次应稍深些。

（2）追肥。每次结合中耕除草追施腐熟堆、厩肥或人畜粪水每亩1 500 kg，8月结合中耕配土（防止倒伏），追施复合肥20～30 kg，并可喷施1%过磷酸钙水和0.4%～0.8%磷酸二氢钾。

（3）灌水排水。干旱应及时浇水，少浇勤浇，保持土壤湿润；雨季要及时排除田间积水。

（4）摘除花薹。佛焰苞抽出时，除留种的外，及时剪除花序，不要用手拔，因为容易连根拔出。

• 病虫害防治

（1）病毒病。防治方法：防治刺吸性口器虫害，发生时用20%盐酸吗啉胍1 000倍液进行叶面喷施。

（2）红天蛾在幼龄期喷90%敌百虫800倍液。短须螨用20%双甲脒乳油1 000倍液或73%克螨特2 000倍液喷雾防治。

采收加工

10月上旬收获，刨出块茎，去掉茎叶、须根及泥土，然后装入撞兜内撞搓，去掉表皮，倒出用水洗净，再用竹刀刮净未撞净的表皮。传统加工方法用硫黄在熏箱中熏制，以熏透心为度，使块茎成为白色，晒干入药。天南星有毒，加工操作时应带口罩和胶皮手套操作。

亩产干品300 kg左右，折干率30%～35%。以身干、个大、无杂质、粉性足、色白者为佳。

39. 栝楼
(*Trichosanthes kirilowiz* Maxim.)

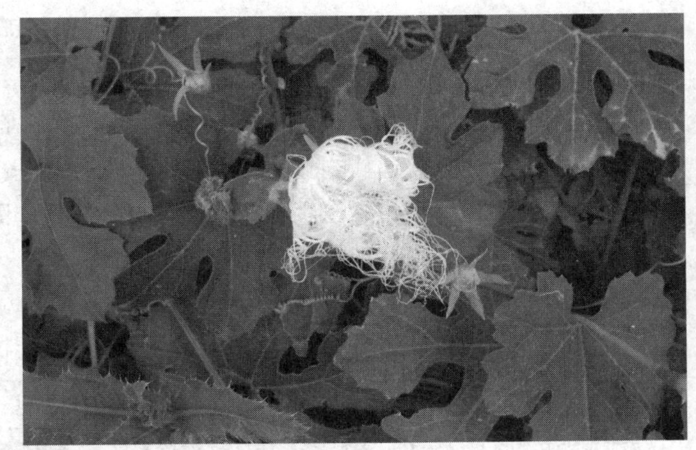

栝楼 为葫芦科栝楼属多年生草本植物，以果实、种子和块根入药，药材名分别为全瓜蒌、瓜蒌仁和天花粉。主产于河南、山东、安徽，全国大部分地区均产。

生物学特性

• 生长发育

生长发育分为四个时期：苗期（4月上中旬出苗至6月初，茎叶生长缓慢），旺盛生长期（6月初至8月底，地上部分生长迅速，陆续开花结果），果实和块根膨大期（8月底至11月初，茎叶生长变缓至停止，养分向果实和块根转运，10月上旬果熟），越冬期（茎叶枯死至翌年春发芽）。

• 生态习性

常生于山坡草丛、林边、阴湿山谷中。深根植物，可深入土中1～2 m。喜温暖湿润的环境，较耐寒，不耐旱，怕涝，对土壤要求不严。

栽培技术

• 选地整地

选向阳、土层深厚、疏松肥沃、排水良好的沙质壤土种植。选地后，深翻，耙细整平，按行距1.5～2 m开沟施肥，沟宽30 cm，深0.8～1 m，亩施厩肥4 000 kg、土杂肥2 000 kg、过磷酸钙100 kg，与沟土拌匀。

• 繁殖方法

常分根繁殖，亦可压条繁殖。种子繁殖容易混杂退化，开花结果较晚，难以控制雌雄株的比例，生产天花粉用。

（1）分根繁殖。选生长健壮，结果3年左右的栝楼根，按雌雄株比例（20～30）：1配置栽种。于4月上旬挖取块根，选径粗3～6 cm，断面白色，新鲜的根作种栽。分成7～10 cm的小段，将雌株根与雄株根分开。在沟面上按株距30 cm开深5～6 cm的穴，将种根小段平放在穴内，每穴一段，覆土压实。栽后20 d左右即可生根发芽，1个月左右幼苗即可长出。每亩用种根40～50 kg。

（2）压条繁殖。根据栝楼藤蔓易生不定根的特性在夏秋季节气温高、雨水充足时，将栝楼生长健壮的藤蔓埋于地下，在叶的基部压土，待生根后，即可剪断藤蔓，使其生长新蔓，成为新株，加强管理翌年即可移栽。

（3）种子繁殖。可直播或育苗移栽。

①种子采收。9月下旬至10月上旬，选果柄短、果实饱满健康、皮色橙黄熟透的果实留种。连果柄采下，悬挂于阴凉、通风、干燥地方晾干，种时将种子取出。翌年4月上旬，将种子放入50 ℃的温水中浸泡一昼夜，取出稍晾干，用湿沙混匀，放在25 ℃温度下催芽，当大部分种子裂口时，即可播种。

②直播。在栽植沟上按株距30 cm开穴，深4～5 cm，每穴点播种子4～5粒，种子露白处向下，覆土。苗高15 cm

时定苗。

③育苗移栽。于2月上旬，采用营养钵育苗，可以延长生育期，提早开花结果。育苗土应用1份腐熟的厩肥、1份细沙、2份细肥土混合配好。然后装纸筒内，高10 cm，直径6 cm，整齐摆放于温床或阳畦内，浇透水，每个纸筒内点催芽种1粒，露白处向下，覆土盖平。加强温湿度的控制，培育壮苗。于4月上旬，当幼苗长出3～4片真叶时，在栽植沟上按株距30 cm移栽于大田。

• 田间管理

（1）中耕除草。栽种后，每年春、夏、秋季各中耕除草一次，在茎蔓上架前，应浅松土，上架后可以深些。

（2）追肥。结合中耕除草进行。移栽后，第一年应多施氮肥，勤施少施。以人畜粪尿与尿素为主。从第二年起，每年追肥三次，第一次当苗高25～30 cm时，每亩施人畜粪尿1 500 kg、饼肥50 kg、尿素10 kg，开沟施入。第二次于6月上旬开花前，每亩施厩肥1 500 kg、饼肥50 kg、过磷酸钙50 kg，混合后开沟施入。第三次结合越冬防寒，亩施腐熟的厩肥1 500 kg。

（3）搭棚架。当茎蔓高30 cm以上时，用木杆、竹竿等作支柱搭棚架，棚架高1.5 m左右。每隔2 m立1根柱子，每2行搭设横架与顺架，上面拉粗铁丝，架竹竿、树枝与铁丝捆牢，搭成棚架。再在每株旁插1根竹竿，上端捆绑在棚架横竿上，轻捆茎蔓于竹竿上引蔓上架。

（4）剪枝打杈。在引蔓上架的同时，每株选留壮蔓2～3条，其余的茎蔓全部剪掉。第二年修枝打杈，促使主蔓生长，上架的茎蔓再整枝打杈，使茎蔓分布均匀。

（5）防寒。在北方必须在上冻前，剪去上部过长的茎蔓，仅留离地面1 m长的茎蔓盘绕在地面上，每株覆一土堆，高约30 cm，防寒越冬，翌春4月上旬，扒开土堆，以利出苗生长。

此外在开花期还要进行人工授粉，可以显著提高坐果率和产量。

• 病虫害防治

（1）根结线虫病。防治方法：实行水旱轮作；栽种的种根，用50%甲基异硫磷乳油1 000倍液浸渍10 min，晾干后栽种；发病地块用3%呋喃丹颗粒或98%棉隆粉剂每亩5 kg处理病土。

（2）害虫黄守瓜。用90%敌百虫1 000倍液喷雾防治，瓜蚜用40%乐果乳油1 500倍液防治。

采收加工

（1）果实（全瓜蒌、瓜蒌皮、瓜蒌仁）。

栝楼栽后2～3年开始结果，于9月下旬至10月上旬当果实表皮有白粉，浅黄色时即可采摘。果皮成熟有先后，采摘过早，皮肉不厚，种子也不成熟；采摘过晚，果肉变薄，产量减少。采摘时，连同果柄一起摘下，悬挂于通风处晾干，不可晒干。晾干则色泽鲜红，即成全栝楼；取成熟的栝楼果实，切2～4刀至瓜蒂处，将种子和瓢一起取出，将皮晒干或烘干即成栝楼皮。瓜瓢的种子放入盆内，加草木灰，用手揉搓，在水里漂净瓜瓢和瘪粒，种子晒干即成瓜蒌仁。

（2）瓜蒌根（天花粉）。

于栽后2～3年，11月上旬将根刨挖出来，雌株在果实成熟后，雄株在霜降前后挖取为好。栝楼的根较深，采挖时要深挖拣净，将刨出的根去净泥土及芦头，趁鲜刮去粗皮，细的切成10 cm短节，粗的可以纵剖2～4瓣，晒干即成商品。栝楼根粉质多，糖分大，容易吸潮，在夏季多雨时要经常晾晒。

每株结果40～60个，折干率15%左右。根亩产干品300 kg左右，折干率30%。全瓜蒌以完整不破、皱缩、皮厚、糖性足者为佳。瓜蒌皮以身干、厚实、无瓢、外表黄褐色为佳。瓜蒌仁以粒大、饱满、味甘、油性足者为佳。天花粉以色白、质坚实、无黄筋、粉性足者为佳。

40. 黄精

（*Polygonatum sibiricum* Red.）

黄精 为百合科黄精属多年生草本植物，以根状茎入药。产于东北、华北地区及河南、山东、陕西等省。

生物学特性

• 生长发育

生长过程可分为营养生长期（出苗到现蕾）、营养生长和生殖生长并进

期（现蕾到盛花）、生殖生长期（盛花期到果实成熟、地上部分枯萎）和越冬期四个时期。花期5～6月，果期7～9月。

• **生态习性**

野生于荒山坡、灌木林下、林缘、山谷、路边处。耐寒、喜潮湿，喜肥沃、深厚的土壤。栽种时应选湿润或隐蔽但上层透光性充足的地方，干旱瘠薄的土地不宜栽种。

栽培技术

• **选地整地**

选土壤疏松肥沃、排水良好又较湿润的沙质壤土种植，忌连作、瘠薄和干旱。在选好的地上深翻25～30 cm，整平耙细，做宽1.2 m、高15 cm的高畦。做畦前施足基肥，每亩施3 000～4 000 kg厩肥。

• **繁殖方法**

主要用根状茎繁殖，也可用种子繁殖。

（1）根状茎繁殖。收获时将根状茎截成带2～3节小段，伤口晾干或蘸草木灰，栽到整好的畦内。行距15～20 cm，株距10～15 cm，栽植在6 cm深的沟内，覆土。栽后4～5 d浇透水。上冻前在畦上盖一层厩肥，以利越冬保暖。

（2）种子繁殖。种子成熟采收后立即将1份种子与3份沙子混合进行沙藏处理。第二年4月中、下旬筛出种子播种。行距10～15 cm开浅沟，将种子均匀撒于沟内，覆土1.5～2 cm，浇水盖草保湿。亩播量2～3 kg。出苗前去掉盖草，苗高7～9 cm，适当间苗，一年后移栽，栽法同根茎繁殖。

• **田间管理**

（1）松土除草。出苗后应及时松土除草，保持畦面无杂草。第二、三年因根状茎串根，地上茎生长较密，可拔除杂草。

（2）追肥。苗期可开沟追肥，每亩施厩肥1 500～2 000 kg，加过磷酸钙15 kg，越冬前施盖头粪10 cm。每年施2～3次。

（3）排灌水。黄精喜潮湿，应经常浇水；雨季应及时排除积水，防止烂根。

• 病虫害防治

（1）黑斑病。防治方法：收获时清园，消灭病残株；发病前或初期，喷1∶1∶120波尔多液或50%退菌特1 000倍液防治，每7～10 d一次，连续数次。

（2）蛴螬、地老虎。常规方法防治。

采收加工

用种子繁殖的3～4年收获，用根状茎繁殖的1～2年收获，于秋季地上部枯萎时，刨收根状茎。去掉须芽、残茎，抖净泥土运回。洗净泥土，去掉烂疤，蒸10～20 min，以透心为准，取出晾晒7～10 d，边晒边揉，晒至全干。

亩产干品300～400 kg，折干率30%。以块大、肥润、色黄、质润泽、味甜、断面半透明者为佳。

41. 薄荷

（*Mentha haplocalyx* Briq.）

薄荷 为唇形科薄荷属多年生草本植物，全草入药。主产于江苏，全国各地均有分布。

生物学特性

• 生长发育

生长发育均可分为苗期、分枝期、现蕾开花期3个生育时期。从出苗到分枝出现称为苗期，植株生长速度缓慢；第1对分枝出现到现蕾为分枝期，茎叶生长迅速；现蕾开花期为薄荷油、薄荷脑大量积累的时期。薄荷的再生能力较强，我国多数地区1年收割2次。花期7～10月，果期8～11月。

• **生态习性**

生于溪边、沟边等湿地。对环境条件适应性强，喜温暖湿润环境，20～30 ℃是植株生长适宜温度，在−20 ℃时可安全越冬。秋季气温降到4 ℃以下时，地上茎叶枯萎死亡。对土壤要求不严，地势过低、过湿不宜栽种。

栽培技术

• **选地整地**

选疏松肥沃、排水良好的沙质壤土，忌黏土及低洼地。在种植前结合翻地，每亩施厩肥2 000～3 000 kg、过磷酸钙15 kg作基肥，耕深20～25 cm，耙细整平做宽1.2～1.5 m高畦或平畦，待播种。

• **繁殖方法**

有种子繁殖、分枝繁殖、扦插繁殖及根茎繁殖等。生产上一般采用根茎繁殖。种子繁殖幼苗生长缓慢，易发生变异，主要用于选种育种工作。

（1）根茎繁殖。10月上旬至下旬进行栽种。种用根茎要随挖随栽，挖出地下根茎后要选择节间短、色白、粗壮、无病虫害的根茎作种用。然后按行距25 cm开沟，深6～10 cm，将种用根茎栽于沟内。种用根茎常切成6～10 cm长的小段栽种。密度以根茎首尾相接为好。每亩需用根茎75～100 kg。

（2）留种。薄荷易于退化，要注意选种。原地留种，在薄荷苗高15 cm时，选择生长健壮的良种薄荷田。结合中耕除草，连根拔除弱苗、野生种及其他混杂种，作为留种地。移植留种，5月上旬，在大田选择健壮而又不退化的植株，按行株距各15 cm，移栽到另一块田里，加强田间管理，以供种用。

• **田间管理**

（1）中耕除草。当苗高约10 cm，开始第一次中耕除草，要浅锄，以后在植株封垄前进行第二次，仍浅锄，8月收割后进行第三次中耕除草，可略深一些，并锄去部分根状茎，使其不至过密。以后再视杂草情况进行1～2次。

薄荷栽2～3年，需换地另栽。中耕时每隔6～10 cm留苗一株。

（2）追肥。每次中耕前都应追肥一次，结合中耕将肥料埋入行间。以氮肥为主，每亩施尿素10～15 kg，每一次可结合施入厩肥2 000 kg，秋收后还应施入厩肥和磷肥，以利下一年生长发育。

（3）排灌水。天旱时要及时灌水，尤其在每次收割后。如干旱，应结合追肥灌水。薄荷喜湿润怕积水，雨季要及时排出积水。

（4）摘心。在田间密度较稀时，摘去主茎对提高单位面积产量有一定效果。一般在5月选晴天进行，此时利于伤口愈合，去顶芽后应及时施肥，以促进新芽萌发。在株丛茂密情况下不宜摘心。

•病虫害防治

（1）锈病。防治方法：及时排除田间积水，降低湿度；发病前喷1∶1∶120波尔多液；发病初期喷25%粉锈宁1 000倍液防治。

（2）白星病。防治方法：发现病叶及时摘除；发病前喷1∶1∶120波尔多液；发病初期喷50%多菌灵1 000倍液防治。

采收加工

一般每年可收2次，分别于7月、10月各收一次。选晴天近地面收割。把收割的薄荷摊晒1～2 d，注意翻动，稍干后将其扎成小把，扎时茎要对齐。然后铡去叶下3 cm无叶梗子，再晒干或阴干药用。薄荷茎叶晒至半干，即可放到蒸馏锅内蒸馏，得挥发油即为薄荷油。

每亩产茎叶干品100 kg左右。折干率20%左右。薄荷全草以身干、满叶、叶色深绿、茎紫棕色或淡绿色，香气浓郁者为佳。

42. 鱼腥草
（*Houttuynia cordata* Thunb.）

鱼腥草 为三白草科植物蕺菜的新鲜全草或干燥地上部分。蕺菜在长江以南各省区均有分布，主产江苏、浙江、安徽等省。河南信阳、南阳有分布。

生物学特性

• 生长发育

一般3月当气温上升到10～12 ℃萌芽出苗，4月展叶；5月中旬现蕾开花，花期15～20 d；5～7月生长旺盛，10月生长减缓，11月地上部分开始枯萎并进入休眠期。花期5～6月，果期7～10月。

• 生态习性

多野生于阴湿的水边低地或水沟、田边，喜温暖潮湿环境，较耐寒，忌干旱。栽培以肥沃的沙质壤土及腐殖质壤土为好，不宜种植于黏性或碱性土壤和浇水不便的地方。生长发育期间需高秆作物等遮阴。

栽培技术

• 选地整地

选择土壤肥沃、灌溉方便，保水性能较好的低洼地栽种，也可利用靠近水边的湿边地。选好地后，在头年秋作物收获后，于冬前深翻土地，春季栽种前进行整地，每亩施2 500～3 000 kg厩肥作基肥，耙细，做宽1.2～1.5 m的畦。

•繁殖方法

（1）根状茎繁殖。在3月上中旬，植株未萌发新苗之前，将根状茎挖出，剪成9～12 cm长小段，每段有2～3节，按行距30 cm开3 cm深的沟，株距15 cm，排放于沟内，覆土5 cm，稍加镇压后浇水，保持土壤湿润，20 d后即可出苗。

（2）扦插繁殖。在夏季高温季节，在露地扦插床内扦插。选择较粗壮的地上茎剪成小段作插条，插条长度以具有3～4节为宜，两节插入床土内，外露1～2节。插好后，插床上适当搭棚遮阴，插条生根并长出新叶后，可逐渐拆去荫棚，10～15 d后，可移植于大田。

•田间管理

（1）中耕除草。幼苗成活后到封行前，中耕除草2～3次，出苗后必须勤锄杂草，当苗封垄后，为避免损伤根苗，可不再松土，有草拔掉。

（2）追肥。生长期以追人粪尿或尿素等氮肥为主。一般在种植返青后第一次追肥。1个月后追第二次肥。以后每年收获后结合除草松土进行追肥，以氮肥为主，以促植株重新萌发。冬季施堆肥或厩肥，并进行培土过冬。

（3）灌溉。如天气干旱，应及时灌溉。经常保持土壤湿润，是种好鱼腥草最关键的措施。

•病虫害防治

叶斑病，发生在高温干旱季节，叶片受害较严重。防治方法：发病初期用1∶1∶100波尔多液喷施。

采收加工

鱼腥草以全草入药。种植当年只采收1次，于秋季进行。第二年于6月和秋季各采收1次。采收时平地面割下全草，去掉杂质，洗净晒干即可。一般亩产干品70～100 kg。

43. 木瓜

（*Chaenomeles speciosa*（Sweet）Nakai）

木瓜 为蔷薇科植物贴梗海棠的干燥果实，又称为皱皮木瓜。贴梗海棠产于华东及湖北、江西、广西、山东，南北各地有栽培。

生物学特性

• 生长发育

3月上旬先叶开花，3月下旬至4月上旬展叶，花期3～5月，5月坐果，9～10月为果熟期。贴梗海棠根系发达，分布在深远的表土层，具有较强的抗旱性；根萌蘖能力强，在土中能延伸到2～3 m远的地方萌发出幼苗。贴梗海棠寿命较长，结果期15～20年，30年以后树势减弱。

• 生态习性

木瓜喜阳光充足、温暖湿润的环境。其适应性强，抗寒。对土壤要求不严，肥、瘠土壤都能正常生长。不宜在低洼积水、隐蔽处栽种。

栽培技术

• 选地整地

宜选背风向阳的低山区缓坡地、丘陵地栽植。育苗地宜选向阳、平坦，靠近水源和住地，疏松肥沃、排水良好的沙质壤土。栽植前每亩施腐熟厩肥3 000～4 000 kg，撒匀，深翻土地20～30 cm，耙细整平。

• 繁殖方法

以扦插繁殖为主，亦可以用分蘖繁殖和种子繁殖。

（1）扦插繁殖。一般于春季萌芽前或秋季落叶后，选生长健壮充实的一、二年枝条，剪成长20 cm左右的插条，每条应有2～3个节，插条下端削成

斜面，然后快速在500 mg/L的萘乙酸溶液中蘸一下，稍晾干后扦插，在整好的插床上，按行距20 cm，开深15 cm的沟，按株距10 cm斜插入沟内，填土压实，浇透水，插床上搭拱形矮塑膜棚，上面盖草遮阴，保持棚内适宜的温湿度，春插约经一个月，于4月上旬便可生根萌芽。气温升高后，便可拆除搭棚，加强苗期管理，翌年春季便可定植于大田。

（2）种子繁殖。种子需低温湿润条件打破休眠，生产上宜随采随播，或于0～5 ℃低温条件下至翌年春季播种，期间要保持湿润。种子采后于11月上旬或翌年3月上中旬播种（春季未沙藏的种子用温水浸泡2昼夜，催芽2昼夜）。播种时，按行距20 cm、株距15 cm开穴，每穴播种2～3粒，覆细土2～3 cm，或按行距25～30 cm开沟。苗高60 cm左右，于秋季落叶后至春季萌芽前移栽。亩播种量穴播1.5～2 kg，条播15～20 kg。

（3）分蘖繁殖。木瓜分蘖力强，每年从根部发出许多蘖生苗，于春、秋两季将根部周围高60 cm左右的根蘖苗，自根部刨出，带根移栽即可。

（4）移栽。以春季萌芽前移栽较好。在整好的移栽地上，按行株距2 m×1.5 m挖穴，穴径和深各40 cm，每穴施厩肥10 kg、过磷酸钙1 kg，与底土拌匀，盖细土10 cm，栽苗覆土至一半时，提苗舒根，分层填土踏实，浇透水封穴，在根际周围筑环形土埂。

• 田间管理

（1）中耕除草。移栽后，前几年植株较小，应勤锄草，每年3～4次，当植株长高时做到植株周围无杂草即可。第一次中耕除草宜浅，以免伤根，以后逐渐加深。发现移栽未成活的应及时补苗。入冬前根际培土防冻。

（2）追肥。春季开花前，结合中耕除草，进行第一次追肥，每株施入人粪尿

10 kg、过磷酸钙1 kg，在树周开环形或辐射状沟施入，覆土盖肥。以后在夏、秋两季结果及果实膨大期，各追肥一次。每次每株施厩肥10 kg、过磷酸钙1 kg，以同样的方法施入，以提高坐果率和促进果实膨大。

（3）排灌水。移栽后，应经常浇水，保持土壤湿润，是提高移栽成活率的关键。雨季应及时排除田间积水，以防烂根。

（4）整枝。木瓜茎枝丛生，入冬或早春未萌发前进行整枝修剪，逐年有计划地定向修剪，将植株修剪成丰产株型。剪除枯枝、过密枝、细弱枝、病虫枝、徒长枝、衰老枝等。木瓜多在二年生短枝条结果，所以修剪时，适当短剪，有利结果。将植株修剪成外圆内空、枝条匀称、通风透光的丰产树型。

• 病虫害防治

（1）病害。叶枯病防治方法：清除枯枝落叶，集中烧毁；发病前喷1：1：120波尔多液，发病初期喷50％多菌灵1 000倍液。褐斑病防治方法：发现病果及时摘除烧毁；防治蛀果害虫，防止病菌侵入，于发病前喷1：1：120波尔多液。

（2）虫害。蚜虫用40％乐果1 000倍液喷杀。桃蠹螟幼虫初孵期喷90％敌百虫800倍液防治。星天牛防治方法：成虫发生期，选晴天捕杀；用棉花蘸80％敌敌畏乳油原液塞入虫洞，用泥封口毒杀幼虫；释放天敌天牛肿腿蜂防治。

采收加工

木瓜在移栽后4年可开花结果。一般于7月上、中旬，木瓜外皮呈青黄色时采收，有7～8成熟。过早，水分大，果肉薄，折干率低；过迟，果肉不紧实，品质较差。采时宜选晴天，勿使果实损伤。

采回果实后，用铜刀将木瓜切成两瓣，忌用铁刀，否则剖面变黑。然后薄摊于竹帘上晒。先仰晒瓜瓢几天，当瓢变红时，再翻晒至全干。阴雨天用文火烘干。有的地方先将木瓜放在沸水中煮10 min或上笼蒸20 min，捞出日晒几天，晒到外皮稍有皱纹时用铜刀直接剖成两瓣再晒至全干，若遇阴雨天可用文火烘干。

亩产干品500 kg左右。折干率15％左右。以果大肉厚、质坚实、外皮抽皱、内外紫红色、味酸者为佳。

44. 当归

(*Angelica sinensis* (Oliv.) Diels.)

当归 为伞形科当归属多年生草本植物，以干燥根入药。主产甘肃、云南、陕西、贵州、四川、湖北等地。

生物学特性

• 生长发育

栽培当归，第一年为营养生长阶段，形成肉质根后休眠；第二年抽薹开花，完成生殖生长。抽薹开花后，当归根木质化严重，不能入药。全生育期可分为幼苗期、第一次返青、叶根生长期、第二次返青、抽薹开花期及种子成熟期五个阶段，历时700 d左右。花期7月，果期8～9月。

• 生态习性

当归适宜在海拔1 800～2 500 m的高寒地区生长，喜凉爽湿润、空气相对湿度大的环境，耐寒性较强，不耐干旱，忌重茬。当归苗期喜阴，怕强光照射，需盖草遮阳。当归要求土层深厚、疏松肥沃、富含腐殖质的黑土。必须通过0～5 ℃的春化阶段和长于12 h日照的光照阶段，才能开花结果。

栽培技术

• 选地整地

育苗地宜在山区选阴凉潮湿的地块，以土质疏松肥沃、结构良好的沙质壤土为宜。秋季选地、整地，使土壤充分风化。选好地后进行整地，深耕20～25 cm，耙平，做宽1.2 m、高25 cm的畦，畦沟宽30～40 cm。结合深耕施入基肥，每亩施2 000 kg厩肥、油渣100 kg。

• 繁殖方法

多为育苗移栽，但也有直播繁殖的。

（1）播种。生长第三年，当秋季花轴下垂、种子呈粉白色时即采收种子，充分干燥后脱粒贮存备用。一般育苗苗龄控制在110 d以内，单根重量控制在0.4 g左右为宜。高海拔地区宜于6月上中旬播种，低海拔地区宜6月中下旬播种，条播。播种前3～4 d可先将种子用温水浸24 h，然后保湿催芽，种子露白时播种。在畦面上按行距15～20 cm横畦开沟，沟深3 cm左右，播种后覆土，整平畦面，盖草保湿遮光。播种量每亩5 kg左右。如采用撒播，播种量可达每亩10～15 kg。一般播后10～15 d出苗。

（2）苗期管理。播种后一个月左右将盖草揭去。最好选阴天或预报有雨天时揭草，之后拔草、间苗。为降低早期抽薹率，苗期可追施适量的氮肥。

（3）种苗（栽）贮藏。10月上中旬，当幼苗的叶片刚刚变黄，气温降到5 ℃左右时，即可收挖种苗。将挖出的苗捆成直径小把（每把约100株），在阴凉、通风、干燥处晾干水汽，大约一周后，放室内堆藏或室外窖藏。堆藏在屋内，一层稍湿的生黄土，一层种栽，堆放5～7层，形成总高度80 cm左右的梯形土堆，四周围30 cm厚的黄土，上盖10 cm厚的黄土即可。室外选阴凉、高燥无水的地方挖窖，窖深1 m、宽1 m，先铺一层10 cm厚的细沙，然后铺放种栽一层，反复堆放，当离窖口20～30 cm时，上盖黄土封窖。窖顶呈龟背形。

（4）移栽。次年春季4月上旬为移栽适宜期。栽时，将畦面整平，按株行距30 cm×40 cm品字形开穴，穴深15～20 cm，每穴栽大、中、小苗共3株，在芽头上覆土2～3 cm。也可采用条播，即在整好的畦面上横向开沟，沟距40 cm，深15 cm，按3～5 cm的株距，大、中、小相间置于沟内，芽头低于畦面2 cm，盖土。

也可采用直播。立秋前后播种。此法省工，但产量较

低。行距30 cm，株距25 cm，播种量1～2 kg/亩。播种后覆土，整平畦面，盖草保湿。

• 田间管理

（1）中耕除草。每年在苗出齐后，进行3次中耕除草，封行后拔大草。当苗高5 cm时进行第一次中耕除草，要早锄浅锄；苗高15 cm时进行第二次锄草，要稍深一些；苗高25 cm时进行第三次中耕除草，要深些，并结合培土。

（2）间苗、定苗。结合中耕疏去过密的弱苗。在苗高3 cm时间苗，苗高10 cm时定苗。穴播每穴留苗2～3株，条播株距10 cm，密度为7 000株/亩左右。

（3）追肥。当归为喜肥植物，应及时追肥。5月下旬叶盛期前和7月中、下旬根增长期前，应追施复合肥。每亩施纯氮15 kg、五氧化二磷10～15 kg时增产效果最明显。此外，微量元素Mo、Zn、Mg、B的施用也会对当归起到增产效果，同时也可提高当归的品质。

（4）摘花薹。栽种时应选用不易抽薹的晚熟品种，采取各种农艺措施降低早期抽薹率，对出现提早抽薹的植株，应及时摘除，摘早摘净。

（5）灌排水。当归苗期干旱时应适量浇水，保持土壤湿润，但不能灌大水。雨季及时排除积水。

• 病虫害防治

（1）病害。主要有褐斑病、根腐病、菌核病等。在轮作、清理大田等农业技术措施防治的基础上，褐斑病在发病初期喷1∶1∶120～1∶1∶150波尔多液防治，7～10 d喷一次，连续喷2～3次。根腐病的防治，栽种时用65%可湿性代森锌600倍液浸种苗10 min，发病初期用50%多菌灵1 000倍液全面浇灌病区。菌核病用1 000倍的50%甲基托布津喷洒防治。

（2）虫害。主要为种蝇、黄凤蝶、金针成虫、地老虎、桃粉蚜、红蜘蛛、蛴螬、蝼蛄等。种蝇用40%乐果1 500倍液或90%敌百虫1 000倍液灌根；黄凤蝶用90%敌百虫800倍液喷杀，蚜虫用40%乐果乳油1 000～1 500倍液防治。蛴螬、蝼蛄、小地老虎用敌百虫拌毒饵诱杀。

采收加工

当归移栽后，于当年（秋季直播的在第二年）10月下旬，地上部分开始枯萎时，割去地上部分，在阳光下暴晒3～5 d，加快成熟。采挖时力求根系完整无缺，抖净泥土，挑出病根，刮去残茎，置通风处晾晒。

当归根晾晒至根条柔软后，按规格大小，扎成小把，每把鲜重约0.5 kg。将扎好的当归堆放在竹筐内5～6层，总高度不超过50 cm。于室内用湿草作燃料生烟烘熏，忌用明火，室内温度保持在60～70 ℃，要定期停火回潮，上下翻堆，使干燥程度一致。10～15 d后，待根把内外干燥一致，用手折断时清脆有声，表面赤红色，断面乳白色为好。当归加工时不可经太阳晒干或阴干。

亩产干品150～200 kg。折干率25%～30%。以主根大、身长、支根少、油润、外皮色黄棕、断面色黄白、香气浓郁者为佳。

45. 茯苓
(*Poria cocos* (schw.) Wolf)

茯苓 为多孔菌科卧孔菌属真菌，以菌核入药。主产于云南、湖北、安徽三省。此外，福建、广西、广东、湖南、浙江、四川及贵州也有一定规模的种植。

生物学特性

• 生长发育

茯苓的生长发育可分为菌丝和菌核两个阶段。在适宜条件下茯苓的孢子先萌发产生单核菌丝，而后发育成双核菌丝，形成菌丝体。菌丝体在木材中旺盛生长，并繁殖出大量的营养菌丝体，这一阶段为菌丝生长阶段。菌丝体中的茯苓聚糖日益增多，到了生长的中后期聚结成团，逐渐形成菌核。菌核初时为白色，后渐变为浅棕色，最终变为棕褐色或黑褐色的茯苓个体，这一阶段为菌核生长阶段，俗称结苓阶段。

• 生态习性

茯苓喜暖、干燥、通风、阳光充足、雨量充沛的环境。菌丝生长的最适温度为25～30 ℃。适宜在土壤含水量为25%～30%，pH为5～6，沙多泥少、疏松通气、排水良好、土层深厚的沙质壤土中生长。

栽培技术

• 茯苓纯菌种的培养

（1）母种（一级菌种）的培养。

①培养基的配制。多采用马铃薯–琼脂（PDA）培养基。其配方是：马铃薯250 g（切碎）、蔗糖50 g、琼脂20 g、尿素3 g、水1 000 mL。马铃薯切碎，加水1 000 mL，煮沸0.5 h，用双层纱布过滤，滤液加入琼脂，待其充分溶化后，再加入蔗糖和尿素，加水至1 000 mL，即成液体培养基。调pH至6～7，分装于试管中，包扎，以1.1 kg/cm^{2}高压灭菌30 min，稍冷却后摆成斜面。

②纯菌种的分离与接种。选择新鲜红褐色、肉白、质地紧密的成熟茯苓菌核，清水洗净，表面消毒，移入接种箱或接种室内，用0.1%升汞液或75%酒精冲洗，再用蒸馏水冲洗数次，稍干后，用手掰开，用镊子挑取中央白色菌肉1小块（黄豆大小）接种于斜面培养基上，塞上棉塞，置25～30 ℃恒温箱中培养5～7 d，当白色绒毛状菌丝布满培养基的斜面时，即得纯菌种。

（2）原种（二级菌种）的培养。

①培养基的配制。培养基配方是：松木块（长×宽×厚为30 mm×15 m×5 mm）55%、松木屑20%、麦麸或米糠20%、蔗糖4%、石膏粉1%。配制方法是：先将松木屑、米糠（或麦麸）、石膏粉拌匀。蔗糖加1～1.5倍量水溶解，调pH至5～6，放入松木块煮沸30 min，木块充分吸糖后捞出。将拌匀的木屑等配料加入糖液中，充分搅匀，含水量60%～65%，即以手紧握指缝中有水渗出，手指松开后不散为度。然后拌入松木块，分装于500 mL的广口瓶中，装量占瓶的4/5，压实，于中央打一小孔至瓶底，孔的直径约1 cm，塞上棉塞，进行高压灭菌1 h，冷却后即可接种。

②接种与培养。在无菌条件下，从母种中挑取黄豆大小的小块，放入原种培养基的中央，置25～30 ℃的恒温箱中培养20～30 d，待菌丝长满全瓶，即得原种。培养好的原种，可供进一步扩大培养用。若暂时不用，必须移至5～10 ℃的冰箱内保存，但保存时间一般不得超过10 d。

（3）栽培菌种（三级菌种）的培养。

①培养基的配制。配方：松木屑10%、麦麸或米糠21%、蔗糖3%、石膏粉1%、尿素0.4%、过磷酸钙1%，其余为松木块（长×宽×高为20 mm×20 mm×10 mm）。配制方法：先将蔗糖溶于水中，调pH至5～6，倒入锅内，放入松木块，煮沸30 min，使松木块充分吸收糖。另将松木屑、米糠或麦麸、石膏粉、过磷酸钙、尿素等混合均匀，与吸足糖的松木混合、拌匀，加水使配料含水量在60%～65%。装入500 mL广口瓶内，装量占瓶的4/5。塞上棉塞，用牛皮纸包扎，高压灭菌3 h，待瓶温降至60 ℃左右时，即可接种。

②接种与培养。在无菌条件下，将原种瓶中长满菌丝的松木夹取1～2块和少量松木屑、米糠等混合料，接种于瓶内培养基的中央。然后将接种的培养瓶移至培养室中进行培养30 d。前15 d温度调至25～28 ℃，后15 d温度调至22～24 ℃。当乳白色的菌丝长满全瓶，闻之有特殊香气时，可供生产用。一般情况下，一支母种可接5～8瓶原种，一瓶原种可接60～80瓶栽培菌种，一瓶栽培菌种可接种2～3窖茯苓。

在菌种整个培养过程中，要勤检查，如发现有杂菌污染，则应及时淘汰，防止蔓延。

• 段木栽培

（1）选地与挖窖。

①选地。应选择土层疏松、排水良好、pH5～6的沙质壤土（含沙量在60%～70%），25°左右的向阳坡地种植。

②挖窖。冬至前后进行挖窖。顺山坡挖窖，窖长65～80 cm、宽25～45 cm、深20～30 cm、窖距15～30 cm，窖底按坡度倾斜。窖场沿坡两侧筑坝拦水，以免水土流失。

（2）备料。

①伐木季节。通常在1月前后进行伐木，此时为松树的休眠期，木材水分少，养料丰富。

②段木制备。松树砍伐后，去掉枝条，然后削皮留筋，即用刀沿树干从上至下纵向削去部分树皮，留一部分不削，这样相间进行。纵向削皮的宽度一般为3～5 cm，使树干呈六方形或八方形。削皮应深达木质部，以利菌丝生长蔓延。

③截料上堆。段木干燥半个月之后，截料上堆。将直径10 cm左右的松树截成长80 cm的段，直径15 cm左右的则截成65 cm长的段，就地堆叠成“井”字形，放置约40 d。当敲之发出清脆声，两端无树脂分泌时，即可供栽培用。在堆放过程中，要上下翻晒1～2次，使木材干燥一致。

（3）下窖与接种。

①段木下窖。4～6月选晴天进行。直径4～5 cm的小段木，每窖放入5根，下3根上2根，呈“品”字形排列；直径8～10 cm的放3根；直径10 cm以上的放2根；特别粗大的放1根。排放时将两根段木的留筋面贴在一起，使中间呈“V”字形，以利传引和提供菌丝生长发育的养料。

②接种。茯苓的接种方法有“菌引”“肉引”“木引”等。

“菌引”，将栽培菌种内长满菌丝的松木块取出，顺段木“V”字形缝中一块接一块地平铺在上面，放3～6片，再撒上木屑等培养料。然后将一根段木削皮处向下，紧压在松木块上，使成“品”字形，或用鲜松毛、松树皮把松木块菌种盖好。如果段木重量超过15 kg，可适当增加松木块菌种量。接种后，立即覆土，厚约7 cm，使窖顶呈龟背形。

“肉引”，选择1～2代种苓，以皮紫红、肉白、浆汁足、近圆形、个重2～3 kg的种苓为佳。多在6月前后下窖，段木按大小搭配下窖，方法同“菌引”。接种方法在产区常采用下列3种：“贴引”，将种苓切成小块，厚约3 cm，苓块肉部紧贴于下面的段木两筋之间；“种引”，即将种苓用手掰开，每块重约250 g，将白色菌肉部分紧贴于段木顶端，大料上多放一些，小料少放一些；“垫引”，即将种引放在段木顶端下面，白色菌肉部分向上，紧贴段木。放好后用沙土填塞，以防脱落。

“木引”，将上一年下窖已结苓的老段木，在引种时取出，选择黄白色、筋皮下有菌丝，且有小茯苓又有特殊香气的段木作引种木，将其锯成18～20 cm长的小段，再将小段紧附于刚下窖的段木顺坡向上的一端。接种后立即覆土，厚7～10 cm。最后覆盖地膜，以利菌丝生长和防止雨水渗入窖内。

· 树蔸栽培

选择砍伐后60 d以内的松树树蔸栽培最好，一年以内的亦可。晴天在树蔸周围挖土见根，除去细根，选粗壮的侧根5～6条，将每条侧根削去部分根皮，宽6～8 cm，在其上开2～3条浅凹槽，供放菌种之用。开槽后暴晒一下，即可接种。另选用径粗10～20 cm、长40～50 cm的干燥木条，也开成凹槽，使其与侧根成凹凸槽形配合。然后在两槽间放置菌种，用木片或树叶将其盖好，覆土压实即可。栽后每隔10 d检查一次，发现病虫害要及时防治，9～12月茯苓膨大生长时期，如土壤出现干裂现象，须及时培土或覆草，防止晒坏或腐烂。培养至第二年4～6月即可采收。

• 茯场管理

（1）护场与补引。茯苓在接种10 d后进行检查，如发现茯苓菌丝延伸到段木上，表明已“上引”。若发现感染杂菌，则应选晴天进行补引。补引是将原菌种取出，重新接种。一个月后再检查一遍，若段木侧面有菌丝缠绕延伸生长，表明生长正常。两个月左右菌丝应长到段木底部或开始结茯。

（2）除草和排水。茯场若有杂草滋生，应立即除去。雨季或雨后应及时疏沟排水、松土。

（3）培土和浇水。当8月开始结茯后，应进行培土，厚度由原来的7 cm增至10 cm左右。雨后如发现土壤有裂缝，应培土填塞。随着茯苓菌核的增大，常使窖面泥土龟裂，甚至菌核裸露，此时应培土，并喷水抗旱。

• 病虫害防治

（1）病害。茯苓在栽培期间，培养料及已接种的菌种，有的会出现霉菌污染。防治方法：接种前，栽培场要翻晒多回；段木要清洁干净，发现有少量杂菌污染，应铲除掉或用70%酒精杀灭，严重的则予以淘汰； 选择晴天栽培接种； 保持苓场通风干燥，防止窖内积水；发现菌核发生软腐等现象，应提前采收或剔除，苓窖用石灰消毒。

（2）虫害。主要有白蚁和茯苓虱。白蚁防治方法：下窖接种后，苓场周围挖一道深50 cm、宽40 cm的环形防蚁沟；发现白蚁时，用60%亚砷酸、40%滑石粉配成药粉，撒粉杀灭； 5～6月白啮齿类和热血蚁分群时，悬挂黑光灯诱杀。 茯苓虱的防治方法：用尼龙纱网片掩罩在茯苓窖面上，可减少茯苓虱的侵入；采收茯苓时用桶收集茯苓虱虫群。

采收加工

茯苓接种后，经过6～8个月生长，菌核发育成熟。成熟的标志是：段木颜色由淡黄色变为黄褐色，材质呈腐朽状；茯苓菌核外皮由淡棕色变为褐色，裂纹渐趋弥合（俗称“封顶”）。一般于10月下旬至12月初陆续进行采收。采收时，先将窖面泥土挖去，掀起段木，轻轻取出菌核，放入箩筐内。有的菌核一部分长在段木上，若用手掰，菌核易破碎，可将长有菌核的段木放在窖边，用锄头背轻轻敲打段木，将菌核完整地震下来，然后拣入箩筐内。采收后的茯苓，应及时运回加工。

先将鲜茯苓除去泥土等杂物，然后按大小分开，堆放于通风干燥室内离地面15 cm高的架子上，一般放2～3层，使其“发汗”，每隔2～3 d翻动一次。半个月后，当茯苓菌核表面长出白色茸毛状菌丝时，取出刷拭干净，至表皮皱缩呈褐色时，置凉爽干燥处阴干即成“个苓”。个苓进行加工时削下的外皮为“茯苓皮”；切取近表皮处呈淡棕红色的部分，加工成块状或片状，则为“赤茯苓”；内部白色部分切成块状或片状，则为“白茯苓”；若白茯苓中心夹有松木的，则称“茯神”。然后将各部分分别摊于晒席上晒干，即成商品。

46. 猪苓

（*Polyporus umbellatus*（Pers.）Fr.）

猪苓 为多孔菌科真菌，以菌核入药。主产于陕西、山西、云南、四川、甘肃以及黑龙江、吉林等省。

生物学特性

• 生长发育

猪苓的孢子在适宜的条件下萌发成菌丝，逐渐形成菌核，再从菌核上产生有性繁殖器官子实体。在适宜的温湿度条件下，菌核上发出白色菌丝，每个萌发点可发育成一个新生白苓，皮色逐渐加深，最后变成黑色。在新生苓与母苓之间可看到明显的离层。猪苓离开蜜环菌不能正常生长发育。

• **生态习性**

猪苓喜生于气候凉爽的山林土壤之中，以地面为落叶腐烂而形成的腐殖质土，土壤较干燥，排水较好，早晚都能照射太阳的地方为宜。猪苓菌丝生长的适温为25 ℃，菌核生长的适温不超过20 ℃。猪苓子实体的形成也要求相对较高的温湿度，多形成于多雨的三伏天。

栽培技术

• **纯菌种的分离与培养**

（1）选材。挑选健壮饱满，长5～10 cm的成熟猪苓菌核，要求菌核外皮完整、黑亮，有一定弹性，切面质地均匀、色白。

（2）分离。洗净菌核，放于5%的来苏儿溶液中浸泡半小时（组织幼嫩的浸泡时间要短），再用消过毒的刀片将菌核割成片状，每片厚度约0.5 cm，及时放入直径6～9 cm、装有培养基的无菌培养皿中，每个培养皿放1～3片。

（3）培养。培养基为粗制麦芽糖2.5 g、琼脂2 g、自来水100 mL，调pH至6～6.5，按通常方法制备待用。菌核萌发的培养温度为25 ℃左右，培养3～4 d后，培养皿内的菌核即萌发出白色短而密的菌丝，7～8 d时菌丝伸入到基质中，长1～2 mm。

为获得猪苓的纯菌种，需要采用伸展到培养基内的气生菌丝和基内菌丝块。菌核萌发出白色气生菌丝，在培养皿中半个月即开始老化，变成褐色，因此移植菌种宜在菌丝伸入到基质的初期进行。在培养基上菌种可多代转接。

• **栽培方法**

栽培方法包括用孢子种进行有性繁殖和用小种苓或种芽进行无性繁殖两种方式。

（1）苓场选择。苓场应选在气候凉爽的山林土壤。要求土壤肥沃，排水良好，含腐殖质多，pH值5～6.8，早晚太阳都可以照射到的南坡为好。

（2）菌材准备。将适合于猪苓生长的材质，如枫木、柞木、桦木、榆树木和山毛榉的木材，半埋在腐殖质土壤中，并接种上野生的或人工培养的蜜环

菌菌种，使蜜环菌在木材上生长并形成菌索。蜜环菌种的培养如下：

①母种培养。培养基为去皮马铃薯200 g 、琼脂20 g、蔗糖20 g、水1 000 mL，调pH至5～6。选择新鲜的蜜环菌幼嫩菌索做分离材料，按常规方法进行组织分离和接种，接种后置于温度22～26 ℃下培养7～10 d，待菌丝布满斜面培养基时，即得母种。

②原种培养。培养基为麦麸50%、米糠20%、木屑29%、石膏粉1%，加水适量，调整pH至6～7。将上述原料均匀混合后，装入培养瓶内，稍压紧后进行高压灭菌。然后，在无菌操作条件下接种，接种后置于温度22～26 ℃下培养15～17 d，待菌丝布满全培养料时，即得原种。

③栽培种的培养。培养基为锯木屑（栎类树种）80%、马铃薯汁液20%，配置成半固体培养基。将锯木屑装入三角瓶内， 500 mL瓶装10 g，将马铃薯汁液加入瓶内，使锯木屑湿透，再继续加至液面高出锯木屑0.5 cm为度。选择拇指粗的栎类树枝，截成6～7 cm长的段，将皮部砍成鱼鳞口，每瓶内斜插2～3段，使枝条半露出半固体培养料之外，经高压灭菌后，将原种接入培养瓶中，置于25 ℃温度下培养1个月左右。当瓶内枝条和培养基上长出大量棕红色的蜜环菌后，即得栽培种。

④栽培种的扩大培养。选择直径3 cm以下的新鲜栎类树枝，截成30 cm长的小段，皮部砍成鱼鳞口，再将栽培种菌材紧附着在鱼鳞口上，堆积在高30 cm的窖内。然后用锯木屑、砂、落叶等做填充表面的覆盖物。经常保持湿润，在20～25 ℃温度条件下培养2个月左右，待新枝上长出菌索时，可用作培养菌材的种材。

（3）菌材和菌床的培养。

①备料。选择栎类、桦树、槭树、枫香等材质较坚硬的阔叶树种作培养蜜环菌的菌材。直径10 cm左右木材，按60 cm为1段，截成段木，晾晒10～15 d，散发一部分水后，再将其每隔3～5 cm砍一排鱼鳞口，每段砍3～4

排，深达木质部，以便接种。

②培养菌材和菌床。采用窖培，其方法和天麻菌材的培养相同。菌种用上述种材，也可采用天麻用过的旧菌材或菌枝。窖深50 cm，长、宽各70 cm，先将窖底挖深7～10 cm，放入1/3的腐质土后铺放段木。底层共铺5根，每根相距6～10 cm，第2、4根为旧菌材栽培种材，上层铺放5根新材。铺好后用腐殖质土、落叶、马铃薯汁等填充空隙，最后覆土厚10～15 cm，窖顶覆盖细土和落叶，使呈龟背形，以便排水。

③窖培菌材以6～7月为适期，培养2个月后，蜜环菌已长好，8月下旬至10月下旬，扒开作菌床，培养猪苓。

（4）菌种准备。

①孢子繁殖。每年7～8月，从苓场或野外采摘猪苓菌核的子实体，晾干。这样的子实体内含有成熟的担孢子。将干后的子实体揉搓成粉末，此即为有性繁殖的孢子种。从室外采集的猪苓子实体不能在太阳下暴晒，也不能淋雨。用于做种的子实体应当随采随用，每个苓穴下种3 g，并用腐殖质土覆盖，稍加压紧。

②用作无性繁殖的种苓，应当选择表面凸凹不平的鲜猪苓。也可以用种芽进行繁殖。在猪苓的黑色菌核的外皮上，会长出一小点绿色或雪白的点状物，这个芽状部分可以作为种芽繁殖。对采挖到的猪苓菌核，立刻把上面的白色和绿色芽状部分切割下来，用湿布包好。在已经整好的地里每穴放入一包有种芽的土球，用腐殖土深盖，同时稍加压实。

（5）栽种。一般在春夏季的4月下旬至6月上旬，或秋季8月下旬至10月下旬为宜，栽培时扒开菌床，取出上层5根新材，就近摆入已挖好的栽培窖内，每根间距6～10 cm，下层5根菌材，就地不动作固定菌床，即1窖菌材可培育两窖猪苓。将掰下的小块猪苓菌核（苓种）一个接一个地贴放于鱼鳞口上和菌材的两端或菌索密集处，苓种断面和蜜菌环紧密结合，一般一根菌材压放5～8块苓种。苓种放好后，填充腐殖质土，轻轻压紧不留空隙，松紧要适度，不要压得太实。然后覆盖细土10～15 cm，窖顶盖枯枝落叶，稍高出地面，使呈龟背形。

栽培猪苓从播种以后，在猪苓菌核的生长过程中，不可以挖坑检查猪苓生长情况。三年以后长出子实体，除一部分留作菌种外，其他子实体均应摘除。

采收加工

栽培猪苓下种后2～3年就可以开始采挖。一般在春季4～5月或秋季9～10月采挖。

将挖出的猪苓除去沙土和蜜环菌索，但不能用水洗，然后置日光下或通风阴凉干燥处干燥，或送入烘干室进行干燥，注意温度应控制在50 ℃以下，干燥温度不宜过高。

猪苓为干燥的不规则长形块或近似圆形块状，大小不等，长形的多弯曲或分枝如姜状，长10～25 cm，直径3～8 cm；圆块的直径为3～7 cm，外表皮黑色或棕黑色，全体有瘤状突起及明显的皱纹，质坚而不实，轻如软木，断面细腻呈白色或淡棕色，略呈颗粒状，气无味淡，一般不分等级。若分级，表皮黑色、苓块大、较实，而且无沙石和杂质者，为甲级猪苓；表皮不太黑、块小、烂碎、肉质褐色、皱缩而不紧者，为乙级猪苓。

47. 平贝母

(*Fritillaria ussuriensis* Maxim.)

平贝母 为百合科贝母属多年生草本植物，以鳞茎入药。主产东北，河北、陕西、河南、江西等省有引种栽培。

生物学特性

• 生长发育

一般4月出苗，6月植株地上部分枯萎，从幼苗到枯萎生长期约60 d。花果期5～6月。

• 生态习性

喜冷凉、湿润的气候，耐寒，怕干旱、炎热。当气温在28 ℃时，植株地上部分枯萎。夏季鳞茎进入休眠，8月以后，鳞茎又开始迅速生长发育，为翌春出苗做准备。在微酸性和中性土壤中（pH6.2～7）生长发育良好。

栽培技术

• 选地整地

选土壤肥沃、排水良好的沙质壤土栽种。春季翻耕，亩施过磷酸钙30～50 kg、复合肥15 kg，经过晾晒耙细整平，做宽1.2 m的畦。把畦床内的表土挖去10 cm，在畦底铺上一层腐熟厩肥（4 000～5 000 kg），底肥上盖土，使畦高10 cm左右。

• 繁殖方法

一般多用鳞茎繁殖。种子繁殖年限长，一般不采用。

栽种时间6月中旬至7月下旬。在做好的畦上栽种。一般先按覆土深度在畦上开槽摆栽。大、中种栽行距5～10 cm，株距5 cm，小种栽按3～5 cm株行距栽植，覆土5～6 cm。栽后稍加镇压，上盖厩肥3 cm或盖草5 cm保湿防旱，遮阴降温。栽种量中等种栽0.5 kg/㎡，大种栽为0.6 kg/㎡。

• 田间管理

（1）夹风障。平贝茎细柔易断，怕大风。而4、5月正是平贝母生长旺季，夹好风障既可防风，又可调节小气候，提高产量。

（2）栽种遮阴物。平贝母于6月中旬地上部枯萎，种遮阴物有利于平贝母田间降温。可于5月下旬在平贝植株行间种玉米、大豆等作物。

（3）除草与松土。根据平贝母植株矮小、出苗早、生长期短的特点，出苗后要结合除草进行浅松土，以防土壤板结。一般除草2～3次，做到除早、除小。

（4）灌溉与排水。平贝母喜温暖湿润气候，应勤灌水。6月中旬平贝母回苗，要及时排出平贝母地里的积水。

（5）追肥。平贝母是浅根系须根植物，地上部分生长时间非常短促，所以对肥料的需要较集中。除栽种前施足底肥外，还要在新鳞茎生长的后期追施速效性肥料，如复合肥等。追肥一般在早春进行，也可进行根外叶片追肥。

（6）摘花蕾。不收种子的田块在刚现蕾期应及时摘蕾，增加鳞茎的产量。

• 病虫害防治

（1）病害。主要有锈病、黑腐病、灰霉病等。在农业技术措施防治的基础上，锈病于开花前用敌锈钠300倍液喷洒，黑腐病用50%多菌灵1 000倍液灌根，灰霉病可采用1∶1∶120波尔多液或敌菌灵500倍液防治。

（2）地下害虫。有细胸金针虫、东北大黑鳃金龟子、非洲蝼蛄、大地老虎等。按常规方法防治。

采收加工

平贝栽后2～3年即可采挖，一般在6月中旬地上部分全枯萎后采收。在畦的一头扒开，露出鳞茎，把贝母层鳞茎上面的土翻到畦沟上，挑出大的鳞茎，加工药用。余下的小鳞茎作种栽用。

加工方法分炕干和晒干两种。①炕干法是土炕上铺一层熟石灰或草木灰，然后把鳞茎按其大小分别铺好，其上再铺一层熟石灰或草木灰，使炕上的温度达40 ℃左右。经过一天一夜，即可全部干透。在干燥过程中，不宜过多翻动，以免产生油粒。②晒干，选晴天将平贝母放在席子上，薄薄地铺上一层（为加速干燥亦可撒熟石灰吸水），经过日晒3～4 d，即可晒干。

一般平均亩产鲜品500 kg，最高可达1 250 kg，折干率2.5∶1。以质坚实、粉性足、色泽白、个大均匀者为佳。

48. 徐长卿

（*Cynanchum paniculatum*（Bge.）Kitag.）

徐长卿 为萝藦科鹅绒藤属多年生草本植物，以根和根茎入药。全国各地均有分布。

生物学特性

• 生长发育

花期6～9月，果期8～10月。二年生以上的植株均能开花结实，但结果率

较低。种子容易萌发，发芽适温25～30 ℃，发芽率可达90%以上。

• **生态习性**

喜光照充足，喜湿润，忌积水，较耐寒耐旱。土壤以肥沃深厚、排水良好、含有机质较高的沙壤土最好。

栽培技术

• **选地整地**

徐长卿为深根性植物，应选地势高燥、土层深厚、土壤颗粒度小、土质疏松的地块。选择平原地种植应排水良好。深翻40～60 cm，结合深耕，每亩施农家肥3 000 kg、复合肥30 kg，整匀耙细，做宽1.5 m的畦，挖好排水沟。

• **繁殖方法**

常用种子和分株繁殖。

（1）种子繁殖。春播在3月底4月初，冬播多在立冬前进行。将种子掺入草木灰拌匀，在畦内按行距20 cm开浅沟，浇透水后，将种子撒入，盖细土，每亩用种1.5 kg左右，约10 d后出苗。冬播播后可覆秸秆，来年春发芽前清除覆盖物。

（2）分株繁殖。在初春或秋末挖根，选取健壮无病虫害植株，剪留5 cm作种苗，每株可依芽眼多少分成更小的单株，按株行距10 cm×20 cm进行栽植，培土后压实，浇足水。

• **田间管理**

（1）中耕除草。徐长卿生长过程中，杂草危害最大，因此在全年生长过程中，结合中耕及时去除杂草。

（2）间苗定苗。种子出苗后，苗高4 cm左右时进行间苗，去弱留壮，去密留稀，定苗时株距大体控制在5～10 cm。

（3）立支柱。徐长卿一般株高80 cm左右，长势中等，植株细而长，随着果实长大，氮肥偏施过多时易倒状，可在行间立支柱拉细长铁丝作预防。

（4）施肥。基肥一般于整地前一次性施入。分株繁殖的可在移栽前施入底肥。1年生以上苗可在初春施1次复合肥，生长期叶面喷肥2～3次。

（5）浇水与排涝。种子发芽后应及时浇水保墒，旱时浇透水，雨后及时排涝，防止烂根。

• 病虫害防治

（1）根腐病。重茬地发生严重，可用复方多菌灵灌根处理，雨季及时排水。

（2）蚜虫。常规方法防治。

采收加工

地上茎秆部分于种子收获后收割，晒干至茎叶呈灰绿色即可。

根的采收，种子繁殖的2年采挖，分株繁殖的1年采挖。挖出根后，去净泥土，晒至半干后再阴干即为成品。

49. 牡丹
（*Paeonia suffruticosa* Andr.）

牡丹　为毛茛科芍药属多年生落叶灌木，以根皮入药，称丹皮。主要在黄河中下游地区和浙江、安徽等地栽培。

生物学特性

• 生长发育

牡丹春季土壤解冻、根萌动后鳞芽开始膨大，3月下旬开始展叶，4月下旬为开花盛期，6～8月根生长逐渐加快，8月上旬以后根进入充实期，10月上旬地上部分逐渐枯萎进入休眠期。种子具有上胚轴休眠习性。花期4～5月，果期5～8月。

• **生态习性**

野生于山坡林下、路边草丛中。喜温暖湿润、阳光充足的环境。耐寒，耐旱，怕涝，怕炎热，忌连作，忌积水。

栽培技术

• **选地整地**

应选阳光充足、排水良好及地下水位较低的地方种植。土壤以肥沃的沙质壤土最好，黏土、盐碱地及低洼地均不宜种植。间作豆科植物大豆等为好。忌连作，要间隔3～5年再种。整地要求深耕细作，耕深25～30 cm，土层深厚的可耕60 cm。注意翻地底子要平，不然易积水烂根。

• **繁殖方法**

牡丹品种较多，由于品种和栽培目的不同，繁殖方法也不一样，分有性（种子）繁殖和无性（分株、嫁接、扦插）繁殖。原产于安徽省铜陵的凤凰山牡丹（凤丹），花单瓣，结籽多，繁殖快，根部发达，根皮厚，产量高，质量好。多用种子繁殖。原产于山东荷泽等地的牡丹以观赏为目的，花重瓣，大而美丽，结籽少，用无性繁殖。

（1）种子繁殖。

①采种及种子处理。选种植3年以上的健壮植株，开花时把侧枝生的小花摘除，7月底8月初种子陆续成熟，分批采收，当果实显深黄色时摘下（不能采晚），放室内阴凉潮湿地上，使种子在壳内后熟，经常翻动，以免发热，待大部分果实开裂，种子脱出即可播种，或在湿沙中贮藏。晒干的种子不易发芽。选粒大饱满、无病虫害者作种子。新鲜种子播前用50 ℃温水浸种24 h，使种皮变软脱胶，吸水膨胀易于萌发。

②育苗。处理好的

种子于9月中、下旬播种，过晚当年发根少而短，第二年出苗率低，生长差。苗床施厩肥5 000 kg以上，将土地深耕细耙后，做成宽1.2 m、高15 cm的畦，畦间距30 cm。将种子用湿草木灰拌后条播或撒播。条播行距6～9 cm，沟深3 cm，间隔1.5 cm，覆土盖平，稍加镇压，亩播种量25～35 kg；撒播时先将畦面表土扒去3 cm左右，再将种子均匀地撒入畦面，然后用湿土覆盖3 cm左右，稍加镇压，亩播种量约50 kg。为保湿防寒，盖1 cm草后再加覆土6 cm。

③苗期管理。翌年早春，扒去保墒防寒土，幼苗出土前浇一次水，以后若遇干旱亦需浇水，雨季排除积水，并经常松土除草，松土宜浅，出苗后春季及夏季各追肥一次，追腐熟的厩肥每亩1 000 kg，并注意防治苗期病虫害。

④移栽。育好的小苗，当年秋季可移栽，春栽不易成活。生长不良的小苗须2年后移栽。移栽地须施足底肥，按行距70 cm起垄，株距按30 cm定植。刨坑深30 cm，栽大苗一株，填土时注意使根伸直，填一半时将苗轻轻往上提一下，使根舒展不弯曲，顶芽低于地面2 cm左右，将周围泥土压实，并在顶芽上培土4～6 cm，使成小堆，以防寒越冬。

大田直播一般在9月，安徽8月上旬至10月下旬播种，山东8月下旬至9月上旬播种。在北方，播种期不宜过迟（8月上旬至9月初），否则当年根少而短，越冬期间极易受冻。播种方式有穴播和条播，生产量大多采用条播法。条播行距30 cm，每亩用种量2～2.5 kg，穴播用种量适当少些。

（2）分株繁殖。

于9月下旬至10月上旬收获丹皮时，将刨出的根，大的切下作药，选留部分生长健壮无病虫害的小根，根据其生长情况，从根状茎处劈开，分成数棵，每棵留芽2～3个。在整好的土地上，按行株距各60 cm刨坑，坑深45 cm左右，坑径18～24 cm，栽法同小苗移栽，最后封土成堆，高15 cm左右，栽后半个月浇水，不宜立即浇水。

嫁接，扦插繁殖，多用于观赏牡丹品种，药用牡丹多不用此法繁殖。

• 田间管理

（1）松土除草。生长期中经常松土除草，每年3～4次，雨后及时锄地。垄种每次除草后中耕培土一次，直至封垄。栽后第二年春季出苗后，选择晴天扒开根际周围的土壤，露出根蔸“亮根”，可促进主根生长，抑制须根生长。

（2）追肥。牡丹喜肥，除施足底肥外，每年春季雨水和立秋前后各追肥一次，每次每亩施腐熟厩肥1 500～3 000 kg、饼肥100 kg（或复合肥30 kg），春季少一些，秋季多一些。将肥施在垄边，结合培土将肥埋入垄内。

（3）灌排水。如天旱应及时浇水，浇水应在晚间进行，雨季要特别注意及时排除田间积水。

（4）摘花蕾。每年春季现蕾后，除留种子外，及时摘除花蕾，使养分供根系发育，可提高产量。摘花蕾宜在晴天上午进行，以利伤口愈合，防止患病。

• 病虫害防治

（1）病害。主要有灰霉病和斑点病。

灰霉病危害叶片，阴雨潮湿时发病重。防治方法：冬季清园，消灭病残体；发病前及发病初期喷1∶1∶120波尔多液，每10 d喷一次，连续喷数次。

斑点病危害叶片，5月开花后发生，7～8月严重。防治方法：选地要高燥，排水良好，收获后，将病残体烧毁或深埋，减少越冬菌源；发病初期喷0.3～0.4波美度石硫合剂或97%敌锈钠400倍液。7～10 d喷一次，连续喷数次。

（2）虫害主要有蛴螬、蝼蛄。咬食根，用毒饵等常用方法防治。

采收加工

移栽3～4年后，10月上旬将根挖起，剪去茎叶，去泥沙，先去掉须根，晒干即成丹须。趁根新鲜时用小刀在根皮上划一条直缝，剥去中间木质部（木心）。去木心后放在木板上晒干，若取出木心后的丹皮，未经暴晒而遇雨，极易变黑，质量不佳。

一般亩产干品250～350 kg，高产时可达500 kg。折干率35%～40%。质量以丹皮条长粗壮、无须根、皮细肉厚、断面白色、圆直均匀、粉性足、芳香气浓、亮星状结晶物多者为佳。

50. 元胡

元胡　罂粟科紫堇属多年生草本药用植物延胡索的干燥块根，药材名为元胡。主产于浙江、陕西等地。

生物学特性

• 生长发育

生长季节短，3月中旬至4月上旬地下块茎生长迅速，花期3～4月，果期4～5月，一般5月中下旬地上部分枯萎。

• 生态习性

元胡喜温暖湿润气候，耐寒，怕干旱和强光，忌连作，根浅喜肥，对肥料要求较高。

栽培技术

• 选地整地

元胡根系较浅，宜选地势较高、排水良好、富含腐殖质的沙质壤土栽培。前作以玉米、水稻、豆科作物为好。旱地种植忌连作，需间隔3～4年再种。整地前每亩施充分腐熟的栏肥1 500 kg、过磷酸钙50 kg，耕深15 cm，耙平，做宽1.4 m、高20 cm的畦，畦沟宽30 cm，畦面略呈龟背形。

• 繁殖方法

用块茎繁殖。

在4～5月收获时选择体型整齐、色黄白、扁球形、直径1.4 cm左右、当年新生的块茎（子元胡）做种。将种茎贮藏阴凉处，层积高度在30 cm以下，并经常检查。栽前用40%多菌灵500～800倍液浸种15 min，晾干待播。9～10月为适栽期，在畦面按行距20 cm开沟，沟深6～7 cm，在沟内按间距5～6 cm将种茎排放2行，芽眼向上，覆土，踏实。每亩用块茎约60 kg。

• 田间管理

（1）中耕除草。生长期内一般不中耕，但需勤除草，保持地内无杂草生长。

（2）追肥。第一次在11月下旬至12月上旬，每亩施腐熟厩肥1 500～2 000 kg，氯化钾20～40 kg，3～5 d后再施人畜粪水1 000～1 500 kg或尿素5 kg，此后根据植株生长情况再适时适量施肥。

（3）排灌水。栽种后遇天气干旱，要及时灌水；降雨多时，要加强排水，保持土壤湿润而不积水，收获前不再灌水。

• 病害防治

元胡病害主要有霜霉病和菌核病，虫害主要有小地老虎和金针虫等。病害防治应遵循“预防为主，综合防治”的植保方针，综合运用各种防治措施，水旱轮作，增施磷钾肥，及时清沟排水，降低田间湿度，创造不利于病虫发生的环境条件，减少病虫害发生。播种前用50%的甲霜灵800倍液浸种10 min或用40%多菌灵拌种，可减少霜霉病发生。发病初期用58%甲霜灵锰锌等药剂防治，每隔7～10 d喷一次，连续喷2～3次。菌核病可用40%菌核净防治。发现地下害虫时，可撒施毒饵防治。

采收加工

在5月中下旬，当植株枯黄时选晴天采挖块茎。加工方法分生晒和水煮两种。生晒加工时是将元胡块茎洗净，除去杂质，放在晒场上晒10～15 d，直至干燥，即成生晒元胡。水煮加工是将元胡块茎按大小分级，洗净泥土，去除杂质，浸入沸水，大的煮4～5 min，小的煮2～3 min，煮至块茎横切面呈黄色恰无白心时捞出

晒干，晒3～4 d后收进室内闷1～2 d，待内部水分外渗，再晒至干燥即可。

一般亩产干品100～120 kg。折干率20%～25%。以个大、饱满、质坚实、断面色黄发亮者为佳。

51. 白及

(*Bletilla sfriata*(Thunb.)Reiehb.f.)

白及　别名小白及、白鸡儿、大白及、地螺丝、及草、甘根等。为兰科多年生草本。分布于陕西南部、甘肃东南部、江苏、安徽、河南、浙江、江西、福建、湖北、湖南、广东、广西、四川、云南和贵州等地。

生物学特性

• 生长发育

3～4月在地越冬的根茎开始萌发，6月地上部分生长旺盛。霜冻后地上部分枯萎，地下部分可在田间越冬。

• 生态习性

白及喜温暖、湿润、阴凉的气候环境，常生长于丘陵、低山溪谷边及荫蔽草丛中或林下湿地。

栽培技术

• 选地整地

选择土层深厚、肥沃疏松、排水良好、富含腐殖质的沙质壤土以及阴湿的地块种植。前一季作物收获后，翻耕土壤20 cm以上，每亩施入腐熟厩肥或堆肥1 500～2 000 kg，翻入土中作基肥。在栽种前，再浅耕1次，然后整细耙平，打畦，畦宽60 cm，畦与畦之间预留50 cm的操作通道。

• 繁殖方法

生产上多采用组织培养育苗，亦可采用鳞茎、种子、扦插等繁殖方法。

在10～11月收获时（或者待来年开春土壤解冻后），选择3年生具有老秆和嫩芽、无虫蛀、无采挖伤者作种植材料，种球采挖后将过长须根剪下，随挖随栽。在整好的畦上，按株距约15 cm、行距约20 cm开沟，沟深8 cm左右。将具嫩芽的块茎分切成小块，每块需有芽1～2个，芽朝上平放入沟底。栽后覆细肥土或火灰土，浇一次腐熟稀薄人畜粪水，盖土，然后用宽度为80 cm黑色地膜覆盖畦面，地膜四周各留10 cm用土压实。

• 田间管理

（1）中耕除草。采用黑色地膜覆盖，可保温保墒，降低冻害风险，杂草也会因无法接受光照而难以生长。3～4月，白及出苗并露出地面，需根据白及生长情况及时在地膜上打孔；进入6月，气温升高，白及生长旺盛，此时可除去地膜，期间及时中耕除草，中耕要浅锄，以免伤芽伤根。

（2）排灌水。白及喜阴湿环境，栽培地要经常保持湿润，遇天气干旱及时浇水。7～9月干旱时，早晚各浇一次水。白及又怕涝，雨季或每次大雨后及时疏沟排除多余的积水，避免烂根。

（3）追肥。白及喜肥，应结合中耕除草，适时追肥。待白及生长进入旺盛期后，去除地膜，按照硫酸铵4～5 kg/亩、磷酸钙30～40 kg/亩、沤熟后的堆肥1 500～2 000 kg/亩的标准，拌充分后在种苗周围挖浅沟或穴施入。

（4）遮阴。白及幼苗喜阴，夏季高温季节忌阳光直射。夏季白天温度在35 ℃以上时，生长十分缓慢或进入半休眠状态，并且叶片也会受到灼伤而慢慢地变黄、脱落，因此在炎热的夏季要适当遮阴。可通过与连翘、核桃、蓖麻等作物套种进行遮阴。

• 病虫害防治

（1）烂根病。多在春夏多雨季节发生。防治方法：注意排涝防水，深挖排水沟。

（2）地老虎、金针虫。可人工捕杀和诱杀，用50％锌硫磷乳油700倍液浇灌床上。

采收加工

一般到第4年9～10月茎叶黄枯时进行采挖，不然过于拥挤，生长不良。采挖时，先清除地上残茎枯叶，用锄头从块茎下面平铲，把块茎连土一起挖起，抖去泥土，不摘须根，单个摘下，先选留具老秆的块茎作种茎后，剪去茎秆，放入箩筐内，在清水里浸泡1 h左右，踩去粗皮和泥土，放到沸水锅里不断搅动，煮到内无白心时（6～10 min）取出，大太阳天气晒2～3 d或烘5～6 h，表面干硬后，传统加工方法用硫黄熏12 h（每100 kg鲜块茎，用硫黄0.2 kg。硫黄熏蒸后，白及不霉变、不虫蛀，且色泽洁白透明），烘透心后，继续晒或烘到全干。然后，放入竹筐或槽笼里，来回撞击，擦去未脱尽的粗皮和须根，使其光滑、洁白，筛去灰渣即成。一般亩产干品300～500 kg。干燥后的白及应装入麻袋或编织袋内，放在干燥通风的地方存放，注意防虫蛀。

52. 皂荚

（*Gleditsia sinensis* Lam.）

皂荚　为豆科皂荚属落叶乔木。以树身上的棘刺入药，为皂角刺，又名天丁、皂针、皂荚刺、皂角针等，广布于甘肃、陕西、河南、河北、山东、山西、安徽、江苏、湖北、湖南、广东、广西、四川、重庆、贵州等地。

生物学特性

• 生长发育

皂荚属于深根性树种，需要6～8年的营养生长才能开花结果，结实期可长达数百年，皂荚的生长速度慢但寿命很长，可达六七百年。花期4～5月，果期9～10月。

• 生态习性

喜光而稍耐阴，喜温暖湿润气候及深厚肥沃适当湿润土壤，但对土壤要求不严，在石灰质及盐碱甚至黏土或沙土上均能正常生长，在轻盐碱地上，也能长成大树。适生于无霜期不少于180 d、光照不少于2 400 h的区域。

栽培技术

• 选地整地

宜选灌溉方便、排水良好、土壤肥沃的沙质壤土。种植前用5％甲拌磷颗粒剂进行防虫处理，每亩用量为1.5 kg；用50％多菌灵可湿性粉剂1 kg兑水500 kg喷洒土壤，进行灭菌。在山坡地栽植采用穴状或带状整地。穴状整地在种植点周围1 m×1 m范围内挖除所有石块、树桩，整地深度30 cm以上。带状整地的带距3～4 m，带宽2 m。带间保留自然植被，防止水土流失。在林带内清除杂灌木，将土壤翻松，做成苗床，以便栽植幼苗。整地时，因地制宜，施足基肥，一般每亩用堆肥1 500～2 500 kg、饼肥50～75 kg、钙镁磷肥20～30 kg，硫酸钾5～10 kg。肥料施用过程中堆肥、饼肥要充分腐熟，基肥不能与苗木根系直接接触。定植地穴规格以60 cm×60 cm×40 cm为宜。山坡地以50 cm×50 cm×30 cm、40 cm×40 cm×30 cm为宜。

• 繁殖方法

主要以种子繁殖为主。

（1）育苗。播种时间在3月下旬至4月上旬。按条距25 cm条播，每米播种20～30粒。播种前苗床要灌透水，播后覆土3～4 cm，并经常保持土壤湿润。每亩播种量50～60 kg，每亩可产苗3万～4万株。

（2）定植。当年生苗高可达50～150 cm，可起苗移栽。也可翌年用作嫁接优良品种的砧木。在10月下旬至翌年4月上旬移栽，以11月秋冬季落叶后至翌年3月春季发芽前最佳，最好选择阴天移栽，每穴栽苗1株。栽后浇好定根水。

• 田间管理

（1）中耕锄草。定植后，中耕宜浅不宜深，除草要净，如与农作物或其他药用植物间种，可以结合农作物或药用植物的中耕除草进行。停止间种后，每年6～7月进行中耕除草一次。入冬前，幼树应在根际培土防寒。

（2）施肥。以有机肥为主，可兼施N、P、K复合肥。年施肥量折复合肥0.25～0.5 kg/株，一年两次，第一次在3月中旬，第二次在6月上中旬，也可在采收后施肥。方法为：移栽后1～3年，离幼树30 cm处沟施；3年后，沿幼树树冠投影线沟施。

（3）灌溉。干旱时做好引水、灌溉等抗旱保墒，也可结合根外追施提高抗旱能力。

（4）整形修剪。皂荚树幼龄期，对枝干进行整形修剪，使之成为合理的树体结构和形态，可调控枝条生长发育和均衡树势，达到通风透光良好，促进早产、多产、稳产优质的目的。结合整形修剪，还要及时修剪去掉顶部直立生长徒长枝，8月要及时修剪掉枝条顶端的秋梢，可有效提高皂刺的产量和质量。

• 病虫害防治

（1）主要病害有炭疽病、立枯病、白粉病、褐斑病、煤污病等。炭疽病发病期间可喷施1∶1∶100波尔多液，或65%代森锌可湿性粉剂600～800倍液。立枯病发病后及时拔除病株，病区用50%石灰乳消毒处理。白粉病发病时可喷洒80%代森锌可湿性粉剂500倍液，或70%甲基托布津1 000倍液，或20%粉锈宁（三唑酮）乳油1 500倍液，以及50%多菌灵可湿性粉剂800倍液。褐斑病发病初期，可喷洒50%多菌灵可湿性粉剂500倍液，或65%代森锌可湿性粉剂1 000倍液，或75%百菌清可湿性粉剂800倍液。煤污病可喷洒70%甲基托布津可湿性粉剂1 000倍液，或50%多菌灵可湿性粉剂1 000倍液以及77%可杀得可湿性粉剂600倍液等进行防治。

（2）虫害。危害皂荚的害虫主要有蚜虫、凤蝶、蚧虫、天牛等。可用黑光灯诱杀害虫。蚜虫危害期喷洒敌敌畏1 200倍液。凤蝶人工捕杀或用90%的敌百虫500～800倍液喷施。蚧虫危害期喷洒敌敌畏1 200倍液。天牛可人工扑杀成虫，树干涂白，用小棉团蘸敌敌畏乳油100倍液堵塞虫孔，毒杀幼虫。

采收加工

选择已成青黄色的皂荚刺用快刀割下，剔除枝叶和连带在刺上的朽木，然后将其分枝刺割成单株。如果针刺老化，可将割下的单株刺放清水中泡湿，再放锅内加水煮沸或用蒸笼蒸至全软后，再行切片晒干。

53. 夏枯草

(*Prunella vulgaris* L.)

夏枯草　别名牛牯草、棒槌草等。为唇形科夏枯草属植物。全国各地均有分布。

生物学特性

• 生长发育

多年生草本，全株被白色细毛；有匍匐根状茎；春末夏初开花。夏末全株枯萎，故名夏枯草。夏枯草种子在低温下萌发较好，发芽适宜温度为15 ℃，种子发芽所需的天数为6 d，发芽率为88.3%；在20 ℃时，发芽所需天数达6 d，发芽率为61.3%；在25 ℃时，发芽所需天数达23 d，发芽率为47.3%；在30 ℃条件下，发芽所需天数达104 d，发芽率仅为0.3%。因此，夏枯草的播种应在春、秋两季进行。

• 生态习性

夏枯草喜温和湿润气候，能耐严寒。光照对夏枯草影响较大，以阳光充足、排水良好的沙质壤土最好，其次为黏壤土和石灰质壤土。海拔700 m以下的平地或低山丘陵地区种植生长良好。荫蔽或低洼积水及高寒山区种植，植株

矮小，产量低。

栽培技术

• 选地整地

应选择阳光充足，土层深厚，疏松肥沃，排水良好的沙质壤土、壤土、黏壤土或石灰性壤土。夏枯草种子细小，整地应精细，清除草根和地中杂物，深耕耙平，土壤越细越好。结合整地，亩施2 000 kg有机肥作基肥，做1.3 m宽的畦。

• 繁殖方法

种子或分株繁殖均可。

（1）种子采集。夏枯草种子收获前半月，在田间选择生长健壮、果序多而长、无病虫害的单株做标记为采收母株，待坚果呈黄棕色，剪去果序，晒干，筛去杂质，装入布袋，贮藏于阴凉干燥处备用。当年采收的种植发芽率85%左右，第二年发芽率降至50%左右，第三年只有3%。因此，生产上应采用新收获的种子播种。

（2）种子繁殖。春播3月下旬至4月上旬，秋播在小暑至处暑之间。播种的方法有条播、穴播两种。条播按25 cm开横沟，深约6 cm，播幅10 cm，将种子拌细土均匀撒播沟内，然后覆土0.6～1.0 cm，以不见为度。穴播按行株距各25 cm挖穴，做到穴大、土松、底平，深约6 cm，将种子拌细土均匀撒播沟内，覆土0.6～1.0 cm。播种最好选小雨后，土壤松软时播种。若遇干旱天气，播种前应浇水，以利出苗。无论采用何种方法播种，播后及时盖草或地膜，能防止土壤干燥，有利出苗，苗出齐后除去盖草或地膜。每亩条播用种子0.5 kg，穴播用种子0.3 kg，播种后10 d左右出苗。

（3）分株繁殖。春季老根发芽后，将根挖出分开，每个根带1～2个幼芽，按行株距各

25 cm，随挖随栽，栽后浇水。

• 田间管理

（1）除草追肥。秋播的当年出苗后，在寒露小雪前，追肥除草一次，肥料以人畜粪尿为主，亩施1 500～2 000 kg。此时，幼苗过密或过稀的应适当间苗或补苗。第2年春分前后，再中耕除草、追肥1次，数量同前次。春播夏枯草一般中耕除草3次，第1次在苗高5～7 cm时，进行浅松土和拔除杂草，亩追施人畜粪尿1 500～2 000 kg，也可追施尿素10～15 kg。此时，结合间苗和补苗。苗高15～20 cm时，进行第2次中耕，结合中耕，亩施人畜粪尿1 500～2 000 kg，或尿素10～15 kg。封垄后不再中耕追肥。

由于夏枯草收割后，老蔸留在地里又可再发，故在收割后立即中耕除草1次，当年的冬季和春季还应再进行1次，这样可达到又收获1次的目的。一般情况下，栽种3～4年后，应更换地块另种。

（2）灌溉与排水。苗期应视天气情况进行浇水，一般情况下不必浇水，如遇天气干旱，应及时浇水，以浇透水为度。成株后抗旱能力增强，要节制用水。夏枯草怕涝，应防止田间积水，注意排涝，以免植株死亡，影响产量。

• 病虫害防治

夏枯草适应性强，一般不受病虫害侵害。但在栽培中，处在低洼潮湿环境中会有锈病、斑枯病发生，虫害主要有跳甲，应及时防治。

锈病防治方法：及时排除田间积水，降低湿度；发病初期用25％粉锈宁可湿性粉剂800倍液喷防。

斑枯病防治方法：发病初期用50％多菌灵可湿性粉剂1 000倍液，或58％瑞毒猛锌可湿性粉剂1 000倍液，或1∶1∶200波尔多液喷防，每7 d喷一次，连续喷2～3次，收获前20 d停止用药。

跳甲多在苗期出现，可用90％敌百虫晶体800～1 000倍液喷防。

采收加工

栽培夏枯草最佳采收期在6月中下旬，果穗成棕红色、半枯萎状之时。选择晴天割取全株，剪下花穗，去除杂枝晒干即可。采收和贮存中应避免受潮，否则颜色将变黑，影响质量。一般亩产干品170 kg左右。以穗大、色棕红，摇之作响声为佳。

54. 猫爪草
(*Ranunculus terrnatus Thunb.*)

猫爪草 学名小毛茛。为毛茛科多年生草本。猫爪草主产于河南信阳地区的信阳、淮滨、潢川、息县、光山、罗山及驻马店地区的正阳、确山。此外，我国浙江、江苏、安徽、江西、广西、湖北、湖南、四川、云南、贵州，以及台湾等地均有分布。

生物学特性

• 生长发育

地下块根10月初萌发小苗，种子播种后从10月初至翌年3月陆续出苗。块根苗靠新须根吸收营养，加上出苗时温度较低，故小苗在10月至11月初生长缓慢，种子苗在出土后1个月内生长亦很缓慢。12月至翌年4月为猫爪草植株快速生长期，1月初开始抽薹，陆续现蕾开花，1月下旬至3月中旬为盛花期，每一花朵结一个聚合瘦果，每只瘦果由数十个小瘦果组成。聚合瘦果3月初至4月底陆续成熟。5～6月气温升高后，地上部分枯萎进入夏眠，9月气温降低后又开始恢复生长。

• 生长习性

猫爪草多生长于平原湿草地、田边、路旁、河岸、洼地及山坡的草丛中，喜温暖、湿润及半荫蔽的环境，要求深30 cm的松软、肥沃沙质土或壤土。

栽培技术

• 选地整地

宜选土层深厚、肥沃疏松、富含腐殖质的半阴半阳的荒坡或平地种植。育苗地要选疏松、肥沃、排水良好的腐殖质壤土或沙质土，地势平坦，有灌溉条件的地块。施足底肥，整平耙细后做成宽1.3 m的高畦，畦沟宽33 cm，四周挖好排水沟。

• 繁殖方法

采用种子繁殖和块根繁殖。

（1）种子繁殖。5～6月猫爪草果实成熟时采种、晒干、脱粒，随采随播，存放时间长发芽率会降低。育苗地选排灌方便，土质疏松且较湿润、肥沃的沙壤土。整平耙细，起1～1.2 m的高畦。每年3月初或5～6月播种，在育苗地的畦面上按行距15～20 cm开深4～5 cm的沟，将种子均匀撒入沟内，覆土约1 cm，盖草，淋水。当苗长出3～5 cm高，即可移栽大田。按行株距10 cm×3 cm移栽，栽后浇水，并保持土壤湿润。

（2）块根繁殖。春、秋季均可种植。春栽3～4月，秋栽9～12月。按行距10 cm开浅沟，按株距2～3 cm将块根摆放在沟内，小块根摆好后覆土约1 cm，保持土壤湿润。

• 田间管理

（1）中耕除草及追肥。早春齐苗后，3月植株抽薹开花前，5月上旬及9月初进行中耕除草，宜浅松土，避免伤根和草荒。结合中耕，在早春齐苗后，3月植株抽薹开花前及9月越夏后，每亩各追施1次人畜粪水1 500～2 000 kg。于11月增施1次磷钾肥，以利块根越冬。

（2）排灌水。在早春齐苗后，保持田间湿润，以利幼苗生长健壮。雨季注意排水，避

免积水烂根。

（3）摘除花薹。除留种外，每年3月下旬在植株抽薹开花前，及时摘除花薹，以利块根生长，提高产量。

• 病虫害防治

猫爪草主要病虫害是苗期立枯病，防治方法：①育苗地在整地时施放石灰消毒；②发病前用50%退菌特600倍液稀释液淋浇，发病后及时拔除病株烧毁，并用石灰粉撒在病株周围，防止其蔓延。

采收加工

秋末春初，挖出猫爪草块根后，除去茎叶及须根，抖净或洗净泥沙，鲜用或晒干使用。一般亩产干品200～300 kg。以黄褐色或灰褐色、体大、质坚无杂质者为佳。

参 考 文 献

[1] 丁宝章，王遂义，高增义.河南植物志第一册[M].郑州：河南科学技术出版社，1981.
[2] 丁宝章，王遂义.河南植物志第二册[M].郑州：河南科学技术出版社，1988.
[3] 丁宝章，王遂义.河南植物志第三册[M].郑州：河南科学技术出版社，1997.
[4] 焦作市科学技术局.四大怀药[M].郑州：中原农民出版社，2004.
[5] 郭巧生.药用植物栽培学[M].北京：高等教育出版社，2009.
[6] 张永清，刘合刚.药用植物栽培学[M].北京：中国中医药出版社，2013.